風・水・土・人

［沖縄農業］現場からの声

石垣盛康　著

ボーダーインク

沖縄・農業の現場から

■梱包された牧草のある風景（石垣市　2007年3月）
写真提供　八重山農政・農業改良普及センター

■スプリンクラー灌漑や点滴灌漑で
さとうきび収量アップ

■さとうきび収穫後の根切り作業

■さとうきびハーベスター
（波照間島　平成19年）

■さとうきびハーベスターでの収穫（石垣市）

■タフベルの普及状況（知念村山里・昭和56年3月）

■ハウス内のサヤインゲンの栽培風景
（知念村知名・昭和56年2月）

■トンネル内のオクラの栽培風景
（知念村久原・昭和56年4月）

■露地電照菊栽培風景（中城村）

■久米島（具志川村）の菊栽培視察
久手堅農林水産部長（中央）
（昭和62年11月）

■竜巻の被害状況調査
（玉城村愛地　平成11年）

■花き平張施設（伊江村　平成14年）

■デンファレの植栽（大里村　平成12年）

■ゴーヤーの栽培（糸満市　平成12年）

■集中豪雨時の道路まで流失した土砂

■台風の集中豪雨時の菊畑の冠水状況

■さとうきびの葉柄を利用して、耕土流出を
防止している状態（石垣市）

■緑肥作物で土作り（糸満市）

■県内初の小ナスの展示ほ設置
久手堅部長へ説明。左端は著者
（旧具志川村　昭和62年11月）

■うまんちゅ市場（糸満市　平成18年7月　山田忠弘氏提供）

■あたらす市（宮古島市）

（平成20年3月　山田忠弘氏提供）

■ちゃんぷる市場（沖縄市）

（平成19年11月　山田忠弘氏提供）

はじめに

農業は、大気、土、水、生物などの生態系との物質循環の中で、人間に有用なサービス等の生産・提供を行い、人間の生命を維持する産業です。農業は、それを取り巻く環境によって大きく規定されるとともに、一面では自然生態系とも適合し、地域の風土や文化を創り出す、いわば環境形成の産業です。しかし、同時に土地の利用の仕方によっては土地空間や地域資源の様相を大きく改変し、環境問題をおこす事さえあります。

県農業は、各地の市町村史をひもといてみると、特に南・北大東島、久米島、石垣市等の場合、長年、夏秋期の干ばつ、台風に悩まされてきています。干ばつになると農作物の生長が遅れ、また台風になると農作物が直接の被害を受けます。

ここ数年の台風は、高い緯度で発生し、短期間で沖縄、日本に接近し、勢力も大型化してきているのが特徴ではないかと考えます。二〇〇八年九月十三日、八重山地方に接近した台風十三号は、与那国島で一日の降水量が七五九ミリと観測史上最大の記録をつくりました。道路、農道からの水によって、生活道、農道の決壊、住宅の床上、床下への浸水、農地の土砂流失、農地の冠水等、島の生活に甚大な被害をもたらし、自然災害の怖さを再認識させられました。

一九七二年の本土復帰後、沖縄の農業は一九八五年まで継続的に発展してきましたが、その後は衰退、または低迷したまま現在に至っています。さとうきび、野菜、養豚などの主要作目の生産が減少し、花き、葉タバコ、肉用牛が増加するなど質的な変化が見受けられます。

復帰後の農業は各種補助・奨励事業の導入による園芸作物、肉用牛等の県外出荷の拡大、農業基盤整備、流通機関の整備拡充等で伸びてきました。その中で、農林水産振興計画の目標値に達しているのは肉用牛です。その肉用牛の生産振興には、土地改良事業の効果が最大限に発揮されているのではないかと考えます。土地改良の中でも灌漑施設が整備されている採草地では、年間五〜六回の粗飼料が確保され、子牛生産の大きな供給地になっています。

地力の生態的バランス、年間の家族労働力の配分の側面からみても、地域農業の振興の方向性を考えると土地利用型のさとうきび、水稲、パインアップルと肉用牛、労働集約型の園芸作目の三本柱のバランス良い発展が望ましいのではないかと考えます。

沖縄の農業は島嶼性農業であり、台風、干ばつの常襲地帯で営まれています。県内各地の農業の現地をみますと、割合に水資源が豊富で、土壌条件の豊かな、市場に隣接している所から園芸作物が導入されてきています。これまでの沖縄の農業はまさに、風、水、土との闘いであると考えます。農業に生きるには水、土、みどりと天気に恵まれれば、農家は家族、地域とともに豊かに生きられます。

農家の集まりに参加して感じるのは、さとうきびを始め、園芸作物（野菜、果樹）の分野では、担い手の高齢化が大分進んでいる事です。それに以前に比べて若い担い手の活動、組織化が進んでなく、活発ではないようです。特に小さな離島に行くと、この傾向は顕著であり、島の経済、文化活動にも影響を与えかねない状態です。

しかし、各地域にはまだまだ未知の地域資源が多数埋もれている気がします。それらの資源をどう発掘し、研究開発し、商品として販売するかはこれからの大きな課題と考えます。

経営は人なり。これは現代の農業経営にも当てはまります。農業経営者にとって、農業技術だけでなく、マーケティング対応、財務会計知識、労務管理、あるいは資材調達などの交渉力など、もはや他産業の経営者と同様のマネージメント能力が必要とされています。農業経営の善し悪しは経営者能力次第で決まると言っても過言ではありません。

国際分業化、国際競争力、グローバル化などの美しい言葉のもと、経済力をバックに、他国に食糧を求めてきた結果、わが国の食糧自給率は四〇パーセントを割りました。裏を返せば命の糧の六〇パーセント以上を他国に依存する国になった事を意味します。

この事実は国民周知の事ですが、数字の意味する事がどんなに恐ろしい事か、国民、消費者の多くは知らない事でしょう。カネされあればいくらでも買えるという虚構の論理は崩壊したと言わざるを得ない状況になっています。外国頼みの食生活を根本的に変革しなければならない。わが国の食糧・経済は、水も太陽も他国に依存している異常な状況なのです

わが国は、これまで大部分の食料を外国に依存した形で経済活動が営まれてきました。しかし地球規模の温暖化の影響もあり、中国、オーストラリア等の輸入国の農地の砂漠化が進んでいる中で、これからの食糧供給を他国に頼るのはいかがなものでしょうか。外国から輸入した食料の農薬残量問題、産地偽装問題などが続発した今、自分たちの食糧は自分で供給しなければならないという機運が高まってきています。その食糧生産を担う人々をどう支援していくかが、これからの農業の重要な課題だと考えます。

私はこれまで約三七年間、県内の各農業改良普及センター、同離島駐在、農業大学校と常に農業、農村に深く関わる部署に勤務し、農家に直に接し農家の喜び、悲しみ、悩みを聞き、一緒に考え、問題解決に当たってきました。

本書は、これまで業務の合間、また業務で執筆してきたものや新聞投稿、普及センター便り、その他にしたためてきたものを一冊にまとめあげたものです。

本書が多くの関係者に活用していただき、わずかでもこれからの家庭・学校・社会における食育、沖縄農業・農村の振興、日本の食糧自給率の向上に役立つ事ができれば幸いです。

二〇〇八年十　月　還暦の誕生日に

石　垣　盛　康

目次

Ⅱ　水の章

Ⅲ　土の章

Ⅳ　人の章

2008年9月 台風13号、15号の被害状態

（与那国町 9月30日 著者撮影）

農道の決壊

さとうきび夏植え畑の冠水状態

農機具小屋の被害

さとうきびの被害

I

風の章

南大東島のさとうきび栽培風景（2000年3月・著者撮影）

先島の農民に政治の光を

八〇年ぶりという、三月以降一八〇日余におよぶ大干ばつと、九月二二日の台風二八号によって、先島の農家は前代未聞の農家経済の危機に直面している。

たとえば、石垣島でもっとも肥沃で耕地面積の所有も比較的広い某集落でさえ、三月以来、大勢の人たちが、本土に出稼ぎに行かないと生活が出来ないありさまである。その人達の話によると、家にとどまっていても来年の三、四月までは農作業がなく、やむにやまれず出稼ぎに行くとのことだった。

ましてや、石垣市の移住地においては、ようやく生活が安定しかけたころに、干ばつと台風によって農業収入がゼロで、そのうえ家もろとも吹き飛ばされてしまい、今なおテント生活をしているありさまは見るに堪えないものがある。政府の対策費は融資がほとんどで、百パーセントの補助はさとうきびの種苗購入費などの一部にすぎない。肥料、飼料、農薬購入費への融資は抜本的な対策にはならず、一時しのぎの技葉末節的なものにすぎないと思う。そのような実情を見た八重山農民組合は、要求貫徹の強い意思表示でもって、沖縄・北方対策庁、沖縄事務所前に座り込みを行ってから十日になる。

明日の生活も、保証されない農民が大挙上覇し、なぜ座り込まねばならないのか、日琉両政府は、大いに耳をかたむけ、彼らの要求を満たしてやらなければと思う。

（一九七一年十一月十三日）

農民よ、土地を守れ

農家の唯一の生産手段である土地を、農家から取り上げるという事は、一体何を意味し、どのような結果をもたらすのであろうか？

最近、特に北部や先島において、目にあまる悪質な業者による土地の買い占めが行われていると聞く。農民は一時の現金に目がくらみ、また復帰後、農地法が施行されると、三〜四町さえも農地が所有できないというデマにまどわされて、土地を手放すという。

土地を手放した農民は、挙げ句の果ては都市への低賃金層として、吸収されていくのである。そして、彼らの生活は、資本家による労働を強いられ、人間性を喪失したものでしかないと思う。一方、土地を買い占めた業者は所有権が誰の手にわたろうといいのである。その所有権は企業家にわたるであろう。そうなると、企業家（資本家）は観光という名のもとに、地域住民の福祉など問題外で、照準となるのは利潤追求のみである。そこには、はたして、何が起こりうるであろうか。この土地買い占めは、公害列島日本の恥部が沖縄の津々浦々にまで拡大されようとする前哨戦ではなかろうか。

農業の社会的役割も、経済発展とともに変わり、都市においては自然に接する機会が失われつつある。しかし、人間にとって、自然に接し、自然にひたることのできる環境が必要なのである。つまり、農業は、食料供給とともに、自然環境保全の役割も負わされてきているのである。今の時代ほど人間が人間らしく住める場所、機会が問われている時はないだろう。人間が人間らしく生きられる空間たる存在が農村なのではなかろうか。もちろん、その空間もだんだん、そういう存在ではなくなりつつあるが……。

（一九七二年五月十九日）

自然と人間

人間がこの世に生を受け、呼吸し、存在していると感じるのは、いかなる状況下においてであろうか。その状況とは、自然環境、社会的、経済的環境、歴史的、文化的環境で構成される。そのいずれもが、不健全であれば、人間らしい生活は不可能であろう。その中で自然環境が生命の基盤であり、自然を破壊する事は、人間自身の破滅を意味しよう。というのは、人間と自然とは、決して切り離して考えられるものではなく、人間自体、自然の一部であって、自然外にある存在ではない。

人間の行きつくところは、一体どこであろうか。これからの人類（人間）の進路は、自然をますます征服し、死滅させ、人間自身も滅ぶか、氷河期、大洪水などの自然反逆によって滅ぶか、それとも、自然との仲直り（調和）をするかの三つの選択に迫られていると聞く。

物質文明の一方的な発達は今日、日本に何をもたらしつつあるのか。何もかも商品化してしまったこの世の中で、太陽、空気、土、水などの自然をあたかも人間とは関係無さそうに、別の次元で無限に存在するものと考えているのだろうか。開発の力点が技術革新にのみおかれるとどのような結果になるのか、公害列島日本が実証済みであるにもかかわらず、沖縄の自然は急速に破壊されつつある昨今である。

地球上の全てのものは酸化還元を繰り返しながら循環の輪を作っていくのである。いくら科学が発達しようが、この循環運動を断ち切り、止める事は出来ないであろう。人間も他の動物同様、自然の一員であり、自然の営みの中でしか生存できないのである。人間は循環する輪の中でしか、人間でなく、人間だけその輪から離れて、生きていく事は不可能なのである。自然と人間の調和を破る事は、すなわち、人間自身の生の基盤そのものを、自らの手で破壊し去る事ではないか。

（一九七二年六月十九日）

海洋博と自然

一九七五年に六ヶ月の月日を費やして、沖縄国際海洋博覧会（海洋博）が本部町を中心として行われようとしている。これは、沖縄県民にとって、どのような経済的、社会的、文化的な影響をもたらすであろうか。

海洋博は外来者のための見せ物的観光の要素が強い。最近、見るための観光ではなく「体験する観光」が要求されている。外来者が来るので金が落ちるのは当然であり、確かに一時的な経済的恩恵があるかもしれない。また、地域開発に欠かせぬ、道路、港湾などの拡充、整備がなされるのは明らかである。そして、最も大きな要素として、海洋開発技術の研究と意識は向上するであろう。さらに、永久施設の残存・使用等々の利益がある。

しかし、ここで一番大切のものは何であろうか。いま一度、問い返す必要があると思う。今叫ばれている自然保護と地域開発と銘打ったところの近代化の一端である海洋博の対置ではなかろうか。

破壊はたやすいが創造は至難の業である。一度破壊したものはたやすく元のままに戻す事は不可能なのである。港湾一つ造るにしても、多大な自然（海岸）が破壊される。ましてや、国の事業と名の付く施設を建て、人が集まると、今のままの自然は見るかげもなく失われてしまうだろう。「自然にかえれ」といわれてから久しいが、これは何を意味しているのか。本当に人間が追い求めているのは、近代化と名の付くものばかりだろうか。現代人の心のふるさとがまだ沖縄には、無数に存在していると思う。

施設の建設や事業をおこすには、資本や企業を抜きにしては考えられない。この資本（特に建設資本）にとっては、自然もゴミも同一視しか出来ず、それ自身、「自然とは何か」さえも問い返す余裕（能力）など持ち合わせていないだろう。このような、本土資本の進出と結束した中央、地方の権力構造は復帰記念国体、海洋博を契機に沖縄県民を身動きできぬような環境においてしまった。このような状況の中での海洋博は沖縄県の体質を活かし、自然の破壊を最小限にとどめ、地域住民の福祉を最優先して開かれねばならないと思う。

（一九七二年六月二一日）

土地基盤整備を早く

我が沖縄県の土地は狭く、やせていて、また県全体が六〇余りの島々から成り立っている事は県農業に決定的な欠陥となっている。それに追い打ちをかけるように、台風や干ばつなどの自然災害に悩まされることも多い。しかし、干ばつは自然災害というより、人災であろう。なぜなら、農政の貧困さゆえに水質源が十分に開発されていない事から起こっているといえるからである。

確かに土地の広狭、位置などをみれば、本県の農業は、悪条件が重なっている。しかし、それをカバーできる亜熱帯という地理的条件がある。そこで、県農業は、土地をあまり必要とせず、労働集約的なものでなければならないであろう。この狭小の土地を最大限に活用し、自然災害を最小限にとどめる施策が必要なのである。沖縄県の土地改良事業の達成率は全耕地の七パーセント。鹿児島県のそれは二九パーセントである。特に交換分合によるプランテーション化や農業用水の開発などでは全然なされていないようだ。農業の機械化を推進するために、その前提となる農道の拡充やほ場条件の整備は早急に取り組まねばならないものであろう。特に土地の交換分合によるプランテーション化、灌漑、排水などの整備、区画整理などである。これらは土地改良等である。これらは農民との話し合いの中から、長期的な見通しにたって、行われなければならないものだと思う。

（一九七二年七月五日）

農協の体質改善を

農協とは農民にとっていかなる存在か、また、いかなる存在でなければならないのか。本土では怪物農協といわれている地方もある。そこでの農協組織の充実ぶり、農民への還元度は高いらしい。それに比べて沖縄県の系統組織はどうであろうか。

静岡県の某農協などは加工事業を中心にして経営が営まれている。そして、みかんの出荷体制などは農民の指導のもとに整い、生産物はその場で農協が買い取り、輸送などは全て農協が責任をもって行われているようだ。

現在の県内、農協の業務は信用、購買事業に重点を置いている。たとえば、金の貸し借り、農薬、肥料、農機具などの購入、農協プロパンの取り付けなどである。そこでは、なんら生産に必要な情報提供も行われず、指導、利用事業は全然なされていない。沖縄県経済農業協同組合連合会も販売事業はあまり行わず、購買事業に重きをおき、指導事業などはなされていないようだ。

さらに、県信用農業協同組合連合会は預金者の数では県内一である。しかし、それの資金は組織の運営上大部分関連産業に貸し付けている。本当に吸い上げポンプの役割しか果たしていない。系統組織の立ち遅れは即県農業の立ち遅れとはいえないだろうか。

系統組織は組織存立のための利潤追求ばかりでなく、協同組合の原点に立ちかえり、本当の意味の農業協同組合であらねばならない。

（一九七二年七月十三日）

流通機構整備を早く

農作物の流通機構の整備は、諸問題をかかえた沖縄県農業が早急に取り組まねばならない問題の一つである。

県内の青果物はほとんど那覇市の農連市場に集まり、そこで朝市が開かれ、卸売りされているようだ。しかしそこは狭く、路上にはみ出して販売している状態で、それゆえ生産農家は売り場を確保するために午前一時、二時から出かけねばならない。このように出かけても青果物の収穫がピークの時は生産費を割ってまででも販売しなければならない時がある。

またこの度、宮古郡上野村農協が東京市場に直送した宮古産にんじん五万ケースのうち、四万ケースまでも腐敗させたことは実に残念である。自分で丹念につくったものが価値以下でしか売れない、または腐らせて捨てることがどんなに心苦しいかは生産者だけが知りえよう。これらは流通機構が未整備のために派生してきた問題であろう。

流通機構には一般的機能として、交換、物理、促進機構の三つに分けられる。しかし県内青果物の流通は交換機能を果たす市場を沖縄県経済農業協同組合連合会が提供しているだけにとどまっている観がある。特に物理的機能（物の輸送、保管、加工）の整備は膨大な資金を要するので系統組織だけでは困難であろう。ここで県庁の強力なバックアップが必要なのである。

これからの県農業を真剣に考えるならば、亜熱帯という立地条件をあだにするのではなく、それを最大限に活用した農作物を生産し、市場の拡充、整備、冷凍庫、加工工場の設置、高速大型冷凍船の導入などを早急に行うべきだろう。同時に農協などの指導をもとに主産地の形成と集荷体制の強化を行い、生産地から消費地まで短時間で結べる流通機構が必要である。もちろん、本土市場における他府県の端境期をねらい、新鮮、良質、格安の青果物でなければならない。

（一九七二年六月）

パインアップル生産農家の保護措置を

いま八重山のパインアップル工場では台湾産のパインアップルを輸入して操業が行われている。パインアップル工場がいうには、原料不足のためらしい。しかし、この事態が来年再来年と続くとどうなるのか。パインアップル工場では、口では地元のパインアップル作育成に全力を注ぐとはいう。だが、利潤追求を目的とするものにとって、窮地にたたされると今年のようになるのは企業維持のために当然となろう。原料がどこ産でも、良質格安であればよいわけである。

一部ではさとうきび、パインアップルは将来性がないので、何か新しいものにすぐ転換しなければならないという主張がある。しかし、現に生産している農家にとって生計のため大切な現金収入である。また、全輸出に占める地位や、農業収入の割合などを考えれば、両作目は決して手放して良い存在ではなかろう。それにすぐには、転作できない状態に置かれているのが、特にパインアップル作農家の大部分ではないだろうか。そこでは、再生産のための蓄積などできない農家が多い。生計さえも、農業だけでは維持できないので、本島内、本土に出稼ぎに出ている。

どうにかして、国、県で台湾産（外国産）のパインアップル輸入をやめさせ、さらに沖縄県経済農業協同組合連合会によるパインアップル加工にも利用できる加工場を八重山にも設置し、それを多角経営するなど、農民の立場を保護する処置が必要ではないだろうか。

（一九七二年八月四日）

北大東島に定期飛行便を

　那覇から東へ約三七〇キロの距離、飛行機で七〇分の所に南大東島がある。そこから船で六〇分で行けるところが北大東島である。そこには七〇〇人余りの人たちがさとうきびを中心とした生活を営んでいる。南大東島とわずかしか離れていないところなのに、北大東島は沖縄県内で一番不便なところに属するのではなかろうか。

　なぜなら、貨客船が十日に一度の割合でしか運航していない。それさえも、予定通りに確実には運行できない。というのは、太平洋にポツンと両大東島だけが浮かんでいるためか、波がとても荒く、船は横付けさえもできず、ウインチを使って荷役している桟橋しかない状態だ。海が少しでもしけると荷役ができず、時には一、二週間も船は島周辺をさまよい続けている。この二ヶ月間でも、二航海は荷役ができず、伝馬船を使って、米や青果物などのみを波の穏やかな岸から人手でおろした事がある。またたとえ、南大東島まで飛行機で行っても、本船とのタイミングが悪ければ、数日間も閉じこめられる。このように、南、北大東間は距離的には近いけれども、海を隔て、はるか遠くにある島にしか見えない。ましてや、那覇、東京などは、遙かかなたでほとんど手に届かない存在である。

　常時、荷役できる桟橋がないために島民は私生活、教育、文化面に大きな損失を被っているのではなかろうか。過疎化の波にはさからえない。特に若者は、都市へ都市へと流出している。月数回、島外との交通だけでは情報時代から取り残されるはめにならないだろうか。せめて週一便だけでもよい。定期航空を就航させてはどうか。

（一九七三年二月一日）

土と人と……

ただでさえ耕地面積の狭い沖縄県で、戦後の農業は基地などにより、荒廃させられた。また復帰後、農業を取り巻く環境は土地買い占めによる地価の高騰、主産業であるさとうきび価格の低迷、物価、賃金の上昇などで一層厳しくなり、その結果、他産業所得と農業所得の格差はますます開きつつある。

これら復帰後の諸現象の中で、特に農業を根底から覆すとも思われるのは、土地手放しによる耕地面積の減少だろう。

その農地（土）が観光、レジャー地、工業用地として、コンクリートで固められた途端、土は自然の循環から断ち切られ、新しいものを生み出す能力を失ってしまう。

農業の論理は自然の法則（循環）といえないだろうか。人間と自然との関わり合いは、決して静的な関係ではない。人間が自然の一部として、自然に対して働きかけ、自然の循環の一部になるというダイナミックな関係に他ならない。その関係はまさしく農業として表現される。農業生産は自然の法則によって生育し、やがて、死にいたる。しかも死はけっして、死にとどまらず、次の生を約束する。ここでの死は作物では休眠期間の事である。土は四季の移り変わりとともに循環し、永久に無限に新しいものを生み出してくれる。土も当然死物ではなく、生きもので自然物である。その作物と土と人が循環の輪に結ばれて共に生きようとする時、初めて、自然と人間の調和の取れた社会が存在しうるのである。

（一九七三年六月三日）

日中国交回復と大東島のさとうきび作危機

最近、「農業の危機」、「さとうきび作の危機」という文字が新聞を賑わせている。県内においては、一部離島を除いて、離島問題は、すべて農業問題といわれるように、離島と農業は密接な関係を持っているのではなかろうか。ましてや、産業といえば農業、農業といえば、さとうきび単作である南、北大東島にとって、さとうきび作は大変重要な比重を占めている。そのさとうきび作りが、ここ北大東島でも重大な危機に瀕している。

というのは、例年だと台湾から二〇〇人余の刈り取り労働者を導入していた。しかし、昨年の日中国交回復後、今年は台湾労働者が導入できず、労働力不足のために、一四三日間の長い期間にわたって、さとうきび刈り取りが行われた。それは一農家あたりの耕地経営面積が五ヘクタールと広く、収穫時にはどうしても、島外からの労働力に頼らなければならない状況だからだ。長期間のうえに、一日あたりの労働が十〜十二時間であったにもかかわらず、村全体で約四百トンの収穫放棄のさとうきびが出た状態だ。

今年のように、重労働してまでは収穫したくないし、そうかといって、今すぐ他の種目（家畜も含む）に転換もできないのが、大部分の農家なのだ。これらの事は生産意欲にも影響を与え、また離島農業の泣き所でもあるだろう。以上の現象は労賃の上昇に伴う労働力不足とさとうきび価格の低迷によるものと考えられる。物価、労賃の上昇に見合って農業所得、生産費が補償されるように、さとうきび価格と共に、機械化が十分に行われるような、土地改良、灌漑・排水などの基盤整備が急速にほどこされる事を望みたい。

（一九七三年七月三十一日）

問題多い大東島農業

大東島といえば、南・北大東の事ではあるが、通常、南大東を指し示す場合がある。ここでは南大東と自然的、社会的、経済的条件の似かよった北大東島の農業の現状と問題点をあげてみたい。

①全耕地面積六四六ヘクタールの八八パーセントにあたる五六九ヘクタールがさとうきび作で、島の歴史からみれば単作農業といえる。②一戸当たりの平均耕作面積は五・八ヘクタールで沖縄本島に比べて大規模経営である。③農家のほとんどが単一経営で複合経営は十戸程度で、さとうきび作と肉用牛、さとうきび作と養豚という農業形態である。

これらから派生してくる問題点を考えてみたい。

①復帰前後の諸物価や労賃の高騰とさとうきび価格の低迷により、採算が合わないとの理由で生産意欲が減退しつつある。②過去数年間、さとうきび収穫時に一五〇人内外の台湾労務者を導入して、労働不足を解消してきたが、今年から台湾からの導入が困難となり深刻な労働力不足で二ヘクタールの未収穫畑をだした農家もある。③昨年から中型ハーベスター二台が導入されたが、基盤整備がなされていないため、その機能が十分に発揮されていない。また、小型刈り取り機は個人購入のため、稼働時間が短く、導入農家では過剰投資となっている。

沖縄の基幹作物であるさとうきびは曲がりなりにも、今日まで生き延びてきたが、本土の水稲のように所得、再生産が補償される価格ではなかった。いまこそ、大東島のように大規模なさとうきび作農家を守るためにも所得、再生産費が補償される価格と機械化が効率的に行われるような基盤整備が施されなければならないだろう。

もちろん、価格上昇と農業機械を導入する事によって全ての問題が解決できるものではないだろうが。

（一九七三年十月十九日）

県農業を守ろう

労賃の高騰は機械化農業が確立されていない県農業に致命的な打撃を与え、最近の地価の高騰に加えて、農業経営の粗放化、さとうきびの収穫放棄など生産を手控える農家が増えている。農外資本による無秩序な土地の買い占め、乱開発は農業の生産条件を根底から脅かすなど農業を取り巻く環境は厳しくなっており、県農業の存立さえ危ぶまれている、と農林水産部は指摘している。県農業の危機といわれるように、復帰後の諸情勢の変化の中でもっとも大きく揺れ動いているのが農業を取り巻く環境ではなかろうか。このような機会に農業という第一次産業が持つ役割がいかに大事であり、農村の抱えている悩みがそのまま都市部の過密問題に繋がり、大きな社会問題に繋がっていくかを、お互いにじっくりと考えてみる時期だと思われる。

沖縄で農業を主とする第一次産業がおろそかにされがちになったのは戦後だといわれている。農村は活き活きとして、そこに住む人々は貧乏なりにも誠意意欲にあふれていたと聞く戦前は、貧乏県といわれながらも、超零細規模での農業県として生き延びてきた。

ところが、戦後はどうだ。戦後の農業は基地の接収により農地が狭められたことと、立地条件の悪さによって、本土との農業格差は拡大しつつある矢先に、復帰による経済、市場法等の制度の一体化、海洋博による本土資本の流入に押しつぶされようとしている昨今である。世界的な食糧危機の中で農業を軽視しがちなのは日本だけといわれている。その中での農業即さとうきび農業である我が県はさとうきび作を守り、育まねばならない。

では、どのようにして県農業を守るのか。第一に農業に対する深い認識がなくてはいけないと思う。農業は工業たり得ないし、農業の論理でしか、存立し得ないのだと。第二に農業は県民の必要とする農産物の供給とともに、自然環境保全、歴史的、文化的景観の保全の役割も負わされてきている。そして、農村は、県民の必要とする食料、その他の農産物の生産の場であるにとどまらず、県民の人間形成や憩いの場として、社会の中で正しく位置づけられなければならない。以上の事が農政の基礎に据えられなければならない。

（一九七三年十一月）

ある孤島の農村風景に思う

沖縄本島とを結ぶ交通機関は月三、四回程度の貨客船のみ。隣の南大東との往来も両島間の海のおだやかな時のみと限られた時だけだ。そんな島での一年間の風景をみてみたい。一見のどかな農村風景ではあるが人々の生活はそう楽なものではない。

島全体がさとうきびであるといっても過言ではないほど見渡す限りさとうきび畑の連続だ。そのさとうきび畑の中に農家らしい家があちらこちらにポツン、ポツンと点在していて、少し沖縄離れした村である。今年もまた、見渡す限り、銀色のさとうきびの穂が畑いっぱいに繁茂し波打つ時期がきた。このころになると、島の人口が一時的に二〇〇人も増え、ちょっとした活気がみなぎる。製糖工場の黒煙は二四時間ずっと吐き出され、農家は家族ぐるみで、さらに労働者を雇い入れてのさとうきびの刈り取りに忙しい。道路はさとうきびを畑から道路端へ、道路端から製糖工場へ牛車や自動車で運ぶので往来が激しくなる。さとうきびの刈り取りも終わり、農閑期になると、人、車の往来はぐっと少なくなる。畑にも時たま、草取り、植え付けの時のみ人影がみられ、また、屋敷内の野菜畑に多少人がいる程度だ。そして農家の人たちは沖縄本島や本土へと慰安旅行（？）へ十日、二十日間と出かけ、島の人数も少なくなる。一日中出歩いて道路で出会うのは二、三人という日が続き、青々と茂ったさとうきびは潮風にゆられているだけでシーンと静まりかえり、静寂そのものの農村風景である。

十年前の糖業ブームのころは、農家の主婦達は畑におやつを運ぶだけが仕事だったとか。しかし一昨年、昨年と不作や労働力の絶対的な不足により収穫放棄も出た。そして、その一つの現象として、若者の離農、出稼ぎが増え始めた。製糖期には帰ってきて、さとうきび刈りをやり、それが終わるとまた都会での生活をしている。実際過疎化の波は深刻で、若者にとっては、魅力がなく、とりえのない島だろうか。

（一九七四年二月七日）

孤島――北大東島の農業雑感

しばしば、絶海の孤島とか、さとうきびの島とか呼ばれる大東島。ここでは、大東諸島の中で南大東とは比べものにならないほどに立地条件の悪い北大東島の場合をみてみたい。

農業はさとうきび単作である上に一戸当たりの耕地面積が約六ヘクタールと広いため収穫時における労働力不足は慢性的で、これが営農に大きな影響を及ぼしている。また大規模経営なので肥培管理が粗雑になり、反収はここ十年間で五・五トン、この二年間はさらに低下している。それに若年労働力の流出などで全耕して植え付けするのをためらい、株出し年数が八、九年である。管理が行き届かない上に、株出し年数が長いので地力低下は著しく、生産量はその年の降雨量に著しく左右されている。この労働力不足の打開策として一昨年からハーベスター二台を導入したが、土地基盤の未整備、オペレーターの不慣れによりまだ軌道に乗っていない。

過去三〇年間、農家所得はさとうきび作だけからの収入であった。それに孤島であるために日稼ぎなどの他産業に従事しての所得には恵まれていなかった。糖業ブームのころはさとうきび価格の高騰がさとうきび作に対する生産意欲を盛り上げてきた。ところが、ここ三、四年の物価、労賃の上昇、さとうきび価格の低迷は、離農、沖縄本島への出稼ぎ、引き揚げ者を増加させ、過疎化への道をひたすらに歩み続けている一つの要因ではなかろうか。

日本の高度経済成長のあおりで農業が軽視、犠牲にされ、中でも主要食糧でないさとうきび価格は世界的な経済変動に左右されてきた。さとうきび単作農業、慢性的な労働力不足、過疎化、他島との交通の不便さ等、どれをとっても良い面はない。ただ、一戸当たりの耕地面積が広い。この事を最大限に生かし、単作農業からの脱却を図らねばならないだろう。その一策として、畜産との複合経営により推厩肥を利用して地力の維持増進が急務かと思われる。

（一九七四年四月十九日）

さとうきび価格の安定を

復帰して早二年余、この沖縄も計画の段階から県作りの実施の段階に入っている。その中において、今までの農業に対する認識でもって、県作りが行われるならば、本土の二の舞を踏むのではなかろうか。つまり、工業の論理で農業をとらえ、農業を犠牲にし、軽視した形での県作りではなく、中国の国づくりの指針である「農業を基礎に工業を導き手とする」方向で進められなければならないだろう。国内だけをみた場合において、沖縄は本土にない亜熱帯という立地条件を十分に生かせば、それは可能だと考えられる。

復帰後、県農業は重化学工業中心の高度経済成長政策、それに経済開発の起爆剤とされた海洋博によって、基幹作物であるさとうきびの作付け面積の減少、農家戸数、農業就業者の減少、土地買い占めや労働力不足などにみられるような危機に瀕している。

私の少ない体験からでも、農業経営は農業を取り巻く経済環境の中で常に弱い立場に立たされていて、また農作物の生産者価格に左右されているのが分かる。

というのは、昨年は全県的な農村におけるさとうきび刈り取り時の労働力不足とさとうきび価格がどうなるか明確でなかったため、さとうきび作に対する生産意欲が減退し、収穫放棄も出た。しかし、今年の農家は来年の価格も今期の価格以上に期待できるものとして、昨年とは比較にならないほど盛んな生産意欲ぶりだ。昨年の生産意欲の減退は肥培管理の不徹底をもたらし、さとうきび生産高の減少の一要素となった。特に南・北大東のように他に兼業のできる場の少ない、また単作農業のところでは、その現れ方が顕著であった。

以上の事からさとうきび価格の高低と生産意欲は密接な関係がある。その意味でも、さとうきび価格の引き上げと安定が必要かと思う。またさとうきびを守り育てる中から他の作物との営農体系の樹立とさとうきび作、パインアップル作を中心とした県農業の位置づけが急務ではなかろうか。

（一九七四年八月一九日）

深刻な農家の嫁不足

農業や農村の社会問題として「青年」達の事が問題にされても、その地域の片隅に生活している青年達の現実の心の問題がその周囲から真面目に考えられた事はあまりなかったのではないだろうか。

私の住む島にNという青年男性（二四歳）がいる。彼は最近七ヘクタールの土地と仔牛二頭を買い、これからの地域農業と自己の営農に胸をふくらませている。一見どこにでもいる平凡な一青年だ。しかし彼は土に生きるのが好きで、また農業に対する意気込みはすさまじいものがある。その彼が今一番気に掛けているのは、自分の農業経営を軌道に乗せる事と、生涯の伴りょとなる人を一日でも早く見つける事だ。

私がここで述べたいのは後者の方だ。彼が今年の『家の光』五月号の文通欄に「農業の好きな女性と文通を」と投書したところ、四〇余の便りが来ていた。その中に県内からのものは一通もなく、大半が九州で、その中でも宮崎、長崎、熊本から多いのに気づいた。

あまりにも飛躍した論理になるかもしれないけれども、北は北海道から南は鹿児島まで四〇余通もきていたのに、どうして県内の人たちからは来なかったのか。沖縄には土、農業の好きな女性は少なすぎるのか。沖縄は昔から人口が多く、貧乏県として、生き延びてきた。それに牛馬のように働いてきた人たち（？）が、農業はきつくて、割に合わないもの、せめて自分一代でやめたいという農民の意識が根強く、また社会全体も農業を軽視する傾向（雰囲気）にあったので農業という産業を正しく認識しえないのだろうか。それが身近な人たちを期待したにもかかわらず、他県の人のみになった大きな要因だと思う。

農村における嫁不足問題は深刻で、何も沖縄に限った事ではない。特に沖縄の農業がいびつな形で形作られてきたのはいろいろな要因があろう。そうだからといって、地域の可能性を見っけ出さなくてはならない。そこで地域の人々の知恵と創造力が今ほど必要な時はないだろう。

（一九七四年八月一五日）

孤島の老人

大東諸島の開拓の歴史は明治三三年に始まり、今日に至っている。絶海の孤島の歴史の一側面を考える意味からN老人の五十年の足跡をたどってみたいと思う。

現在七七歳のN老人は島尻郡伊是名で生まれた。大正七年二一歳の時、北大東にリン鉱掘鉱夫として渡って来た。その時、本島や周辺の離島から三年契約で約三七〇人も来たが、三年間やり通したのは約三〇〇人だった。残りの七〇人は親、本人などの病気などで途中退島したという。

彼と一緒に来島した人たちは、久米島、国頭村、本部町、今帰仁村、伊是名村、伊平屋村が中心だった。この出身地別構成は久米島、伊平屋村を除いて、現在でもこの島ではそのままあらわれている。ほかに八丈島、大宜味村出身の人たちが多い。

三年契約を終えたN老人は、いったん故郷に帰り、そこで生涯の伴りょをもらい、再び北大東に渡って来た。その年の九月に食事の改善、賃上げ要求などを掲げて、リン鉱夫によるストライキが行われた。それに呼応して、農家に住み込んで、さとうきびの肥培、収穫作業に従事している労働者と農家の間にも待遇の改善などを掲げてストライキがあった。

月日はあっという間に流れた。その間、幾多の困難があったと考えられる。しかし、老人は十八年間貯めた金で七ヘクタールの土地を借り受けたのだ。四一歳の時、初めて農家となった老人の喜びはひとしおだっただろう。男九人、女二人の子宝に恵まれたけれども、誰一人として親の財産を継ぐ者はなく、この年になっても、植え付け、収穫など若者に負けじとかくしゃくとして頑張っている。

農家における深刻な後継者問題は、開拓以来農業即さとうきび作として続いてきたこの小さな島の宿命なのだろう。この宿命を打破する使命が島の人たちにはある。また若者にはそれが可能だと、期待したい。

（一九七四年十二月二四日）

沖縄での紅花栽培

山形県の県花である紅花が、沖縄でも古くから栽培されていたというのは、意外と知られていない。そこで、あの色鮮やかな紅花の本県での栽培地、栽培状況、利用方法などについて、まとめてみたい。

紅花は、キク科の一年生草で、藍、茜、紫根などとともに、染科作物の代表であり、春から、初夏にかけて、茎の先に直径三センチくらいの黄色い花をつけ、花は次第に紅色になる。

現在、沖縄本島では、小面積ではあるが、玉城村の奥武島で古くから栽培されている。そこでは、ハママチバナと呼ばれている。花びらは、健康によいといわれていて、お茶や料理に利用され、特に、魚、イカ、肉汁に入れて食べるのは、奥武島だけの習慣のようだ。

この花は先島では「タラマ花」といわれているように、多良間村では、染料や薬用茶の材料として活用され、島の特産品にしようと熱心に栽培に取り組んでいる。宮古島では平良市、上野村で、宮古上布の原料、薬用茶として栽培されていた。

さらに石垣市では、戦前から現在まで、細々と栽培され、薬用茶として重宝がられている。また、十数年前には、県内各地で切り花用として栽培されていたようだ。

紅花の栽培は、現在小面積だが、染料作物としての優秀性、薬用としての効果、観賞用としての人気と、三拍子揃った有用植物と考えられる。

（一九九六年五月二三日）

テッポウユリ

かぐわしい香りと華麗な花姿を見せてくれるユリは、ユリ科ユリ属の植物で現在、世界で約百種が知られる。温帯から北半球の亜熱帯にかけて分布している。日本には、約一五種が自生し、そのうちの七種は我が国特産のユリである。これら野生のユリの気品ある美しさは、世界的にも高く評価され多くの人の目を楽しませてきた。

ユリは、その花の形から大きくいくつかの系統に分けられる。テッポウユリ系は、筒状でラッパ形をし、花弁の先端に軽いそりがみられる。普通は横向きに咲くが、まれに斜めに上を向いて咲くものもある。

海外では、「イースターリリー」の名で知られるテッポウユリ。沖縄、奄美諸島を原産地とするこの花は、その気品ある美しさで世界中の人々を魅了してきた。日本はもとより、海外でも冠婚葬祭用の花として需要が高く、日本産の球根は既に明治期から輸出され、現在ではその数、一千万球にものぼるという。ぶっそうな名前と裏腹に、純潔の花言葉を持つこの花は、古くから園芸用、観賞用として愛好され、多数の品種が生み出されてきた。

私の家の、猫の額ほどの庭にも、今年もまたテッポウユリが芽を出し、花を咲かせようとしている。最近、県内でも道路沿いに随所に見られるようになった。その中でも、伊江村、名護市、石垣市のテッポウユリの風景は一見に値する。

（一九九七年五月二一日）

モロヘイヤ

モロヘイヤは中近東からアフリカ北部にかけて広く分布し、高温地帯で野菜として広く利用されている。我が国へはごく最近導入された。

昔、クレオパトラも賞味したといわれる。夏の暑い季節、夏バテ防止にもなる「工様の野菜」モロヘイヤの栄養価と料理法について述べてみよう。

モロヘイヤはエジプト、スーダン、インドなど熱帯乾燥地帯、中でも中東地方ではたいへん庶民的な野菜になっている。日本でいえば、ホウレンソウ、コマツナに近い感覚か、それ以上に日常的に使われている「庶民の野菜」のようです。

しかしビタミンやミネラルの成分はまさに「王様の野菜」の名にふさわしい。ホウレンソウと比較してカロチンは約三・五倍、ビタミンB_1は二倍以上、ビタミンCは二・五倍、カルシウムは八倍も含まれているという。

食べ方はいろいろ、おひたし、サラダ、酢の物、天ぷら、みそ汁、スープ。それに乾燥させた粉末をそばやクッキーに入れるなど、バラエティーに富んでいる。わが西原町ではそばにして売り出している。ほとんど無農薬で簡単に栽培でき、毎朝、若葉を摘んで食卓に乗せる事の簡便さ、それにまれにみるほどの豊富な栄養素を含んでいる事などから、モロヘイヤは家庭菜園向きの野菜といえるだろう。

まだまだ暑い夏を乗り切るためにも、栽培し賞味しよう。

（一九九八年九月一日）

玉チシャ

ここ数年、野菜の県外出荷全体が横ばいの中で、レタスとゴーヤーは出荷額が著しく伸びている品目である。レタスは栽培しやすい反面、天候に左右されやすいのが欠点で、今年は二月の長雨によって農家間に収量の格差が出ているようだ。

さて、そのレタスだが、和名でチシャと呼ばれるキク科の一〜二年草で、結球性のものを玉チシャ、非結球性のものを葉チシャと呼んでいる。沖縄でも古くから在来野菜として栽培され、特に夏場野菜として重宝されているカキチシャ（チサナバー）、半結球性のサラダナもその仲間である。

レタスという言葉の語源は、茎や葉の切り口から出る「白い乳液」の意味がある。乳草「チソウ」から変化してチシャと呼ばれてきたという。

原産地は中近東内陸で、インド北部、ヨーロッパ温帯などには、野生種の分布が現在も広く見られるようだ。栽培化は古く、ローマ時代にさかのぼり、当時の栽培は非結球のものであったといわれる。

日本への来歴はレタス（玉チシャ）が一八六三年に米国からで、カキチシャ、茎チシャが中国などから渡来している。

現在栽培されているレタスが沖縄で一般化したのは、駐留米軍向けの清浄野菜に指定されるようになった一九五二年頃からで、県民の食生活の変化にともなって急激に伸びた野菜の一つでもある。

今が旬のミネラル分をたくさん含んだレタスを大いに食しようではないか。

（二〇〇〇年三月十四日）

観葉植物のリレー栽培

本県の観葉植物はベンジャミン、ドラセナ類、アレカヤシ、パキラを中心に生産量は増えてきてはいるが、種類が少なく、品目の多様化が望まれている。仕立ても尺鉢のような大きい仕立て方が中心だ。

最近、観葉植物栽培の新しい流れとして、苗生産と成品生産の分業化が進んできている事が挙げられる。これまでは、母樹園、仕立園を所有して、苗作りから成品生産まで行う一貫経営がほとんどだった。三〜四年前から、苗生産する部門と、その苗を購入して成品化していく成品生産部門との分業化が進み、生産者間でリレー栽培が行われるようになってきた。

例えば、ベンジャミンで八号鉢仕立を行う場合、草丈にして七〇センチ程度に伸長した苗を購入してきて、三本の寄せ植え仕立てを行い、八〜十ヶ月程度で仕上げて出荷する方法がとられている。この方法だと苗代として生産コストはかさむが、生育期間が短縮されビニールハウスの有効性が図られるので、特に中部地区のように経営規模の小さいところでは集約的栽培法だと考えられている。

観葉植物生産は、市場需要や消費者ニーズに合ったもので、しかも生産者の創意工夫が特に要求される。ベンジャミンの仕立て方もスタンダード仕立てを基調にして、一本立て仕立て、三本ねじれ仕立て、タワー仕立て、フェンス（びょうぶ）仕立てと、生産者のアイデアを十分生かした方法へと変わってきている。

同様にコンシネーを中心としたドラセナ類、ブーゲンビリア、アレカヤシなど観葉植物全般にわたり、苗生産とともに原木の生産によるリレー栽培は、沖縄本島内を中心に、宮古・八重山あたりでも、今後ますます普及するものと考えられる。


（一九九〇年三月）

オクラで夏バテ防止

本格的な夏到来となったが、あなたは、この時期にどのような野菜の事を思い浮かべるだろうか。夏野菜の代表であるゴーヤー、ナーベーラー、オクラは、これから最高の旬の味を醸しだす。

オクラの花は、黄色く優雅で、とてもきれいだが、残念ながら花の命は短い。夜から早朝にかけて咲き、午前中にはしおれてしまう。暑さにはたいへん強いが、寒さに弱く、摂氏一〇度以下では生育できない。種を早く蒔いても、気温が低いと発芽が悪くたち枯れてしまう。

サヤの形、色、草丈など品種もいろいろあるが、切り口が五角形で緑色、草丈の低いのが一般的で栽培しやすい。開花後六~七日の未熟なサヤを食用にする。オクラは糖質が多く、ビタミンAの効果を持つカロチンやビタミンC、カルシウム、鉄分などのミネラルも含んでいて、すぐれた夏野菜だといえる。

特にカルシウムやリン酸を多く含み、栄養価が高く、ねばねばの中のムチン質には、胃の粘膜を保持する効果があるといわれている。

最近は和食ばかりでなく、洋食の材料としても用途が広がり、需要は伸び、健康野菜としての人気が上がっている。

あなたの家庭でも、夏野菜の代表であるオクラ、ゴーヤーをたくさん食べて沖縄の暑い夏を乗り切り、健康と美容に努めよう。

（一九九七年七月七日）

ボロンボロン

ボロンボロンとは何の事かご存じですか？　昔、子供のおもちゃの少ないころ、子供をあやすために振ると、その音がボロン、ボロンと聞こえる事から、本部町では、ベンケイソウ科のヒイロンベンケイの事をボロンボロン、または花ボロンと呼んでいるようだ。

復帰前、土地改良が進んでいない時には野山、畑のそばに自生していたが、最近はあまり見かけなくなった。この植物は、県内でも呼び方がたくさんあり、首里では植物の形が葬式の時の野辺送りに用いる道具の一つに似ている事から、葬式草の意で、「ソーシチグサ」と呼ばれているそうだ。沖縄市美里では、「ティンドウールグヮー」と呼ばれ、灯ろう草の意で、花のがくが袋状をなしてたくさんついている状態が灯ろうを思い出す事に由来しているようだ。石垣市では「ジッチャヤハマチ」と呼ばれ、乳の花の意味だそうだ。

この植物、葉から芽が出てくるので、「ハカラメ」とも言われています。葉は英語で幸福の葉とも呼ばれているようだ。葉を切り取り、土の中におくと葉脈の末端から新しい葉が出る事から、なかなか芽の出ない人にも、いつか幸運の芽が出てくると、なぞられているのだろう。

葉は止血、はれもの、虫さされに使用する事ができ、鉢物、切り花、花壇用にも向いていて、花期も長いので、営利用にも栽培、販売したい品目でもある。

（二〇〇五年三月十七日）

名花「玉の浦」

ツバキはとても強く潔い花で、まだ寒い初春に咲き出して、彩りの少ない冬に春を呼んできてくれる。咲いてしおれて乾ききるまで、少しずつ散るような事もなく、一番きれいな姿を見せて潔く落ちていく。そういうほかの花にはない強い個性がツバキの何よりの魅力である。

そのツバキの中でも、花は紅地に鮮やかな白覆輪の入るわん咲きの中輪で、ひときわ注目を集めてきたのが、この「玉の浦」という品種である。この品種は長崎県の五島市の玉之浦という地域の山中から一九四七年に発見されたもので、その美しさが七三年には全世界的に有名になり、玉の浦に交配して米国で育成された品種が「タマビーノ」、「タマバンビーノ」の名で逆に日本に導入されたそうである。

日本におけるツバキ属は、ヤブツバキ、ユキツバキ、サザンカ、それに小輪で芳香の強いヒメサザンカが沖縄に自生している。

玉の浦はヤブツバキの突然変異ではあるが、九州大学の尾崎先生の最近の研究によると、類緑形態からみた場合、ユキツバキに大部近い要素を持っているようだ。類緑形態とは、花の形態、染色体数、細胞、内生成分、酵素多型、ＤＮＡの分野からみたものである。

玉の浦は雪に弱く、ユキツバキよりは耐寒性は弱い。沖縄にも多数のツバキが自生植栽されているが、ツバキの魅力を今一度見直し、活用すべきではないだろうか。

（二〇〇五年四月十五日）

テンニンカ

猫の額ほどの私の家の庭に、今年もまた、テンニンカの花が咲いた。久しぶりに庭を見回すと一鉢に三、四輪の花を見つけた。今年の花は少し白色がかって赤が薄い。このテンニンカは数年前に名護市辺野古の山を歩いた時に道ばたで見つけて、我が家の庭に鉢植えしたものだ。

テンニンカは、昔、旧石川市以北の酸性土壌に自生し、繁殖力も旺盛なので野山に自生していたらしい。園芸店でも販売されていた。しかし、現在は園芸店、庭先にも少なく、希少価値の高い植物ではないかと考える。

花、葉の形態は、花弁、葉とも小さいながら厚く、熱帯性のものらしくがっしりしている。葉の割合にして、花の数が少ないのが難点で、華々しく見えない。花の形は、インパチェンスや日日草に似ていて、花弁は六枚、やや切り込みがあります。木は二メートル以上のものはあまり見かけない。

沖縄本島の北部は、酸性土壌で、北からの季節風が強く吹く。地域によっては、水が少ないなどの条件の悪いところもあるが、酸性土壌にしか育たないツツジ、ツバキ、サンダンカ、テンニンカなどの花や、パインアップル、シィークァーサーといったかんきつ類の果樹などが数多く栽培されている。

梅雨時に咲くテンニンカを見ながら、ヤンバルの価値を再認識した。テンニンカの手入れをまめにして、来年もまた花を咲かそうと思った。

（二〇〇六年七月十二日）

ヒマワリ

先日、農家の財産である耕土の流出を防ごうと土壌保全を啓発するイベントに参加した。毎年、梅雨時期の六月の第一水曜日に各地で開催されている。農家をはじめ、県、市町村の関係団体、地域の小学生らが多数参加していた。

これまでは、土壌保全の面から、緑肥作物であるソルゴーや、グリーンベルト設置として、ゲットウ、イスノキの植栽が多かった。今回、中部地区での取り組みは、緑肥作物として、ヒマワリ一本に絞り地域の小学生を参加させた事は大きな意義がある。ヒマワリは太陽に向かって、すくすくと育ち、子供たちの情操教育、地域の農村の景観を醸し出す役割が秘められているからだ。

今年から、宮古島では、さとうきび収穫後の畑にヒマワリの種をまき、少量だがヒマワリ油をつくっていると聞く。地域の資源にどのような付加価値をつけていくか、採算性の問題もあろうかと思うが、夢がふくらんでくる。

これからは、さとうきび畑の更新畑、菊畑の土作り、裸地畑からの耕土流出防止、農村の景観向上、遊休地の迷路遊び等に最適なヒマワリを栽培してみてはどうだろうか。生産が多くなれば、搾取して油としても利用できる。種子を自家採取すれば、何年も利用できる。種子代がほかの緑肥に比べて高いのと、ヒマワリは酸性土壌ではあまり伸びないのが問題だ。しかし、太陽のようにたくましく育つヒマワリは魅力がいっぱいだ。

（二〇〇六年八月九日）

津堅ニンジン

久しぶりに所用で津堅島に渡った。実に四年ぶりである。同島は県の有人島の中で数少ないさとうきびが栽培されていない島であり、ニンジンとモズクの島のイメージが強い。四年前と比べて島に活気がみなぎっている感があった。港にターミナルが設置され、畑は遊休地が少なく、一部に防風林が植栽され、ニンジン、甘藷の作付面積が増えている。

島の土壌は根菜類の栽培に適し、戦前は津堅ダイコンの名で中部・南部に大量に販売されていたようだ。現在は県内では数少ないニンジンの産地として糸満市とともに、品質、味とも好評を得ている。津堅島での本格的なニンジンの栽培は昭和五一年ごろからで、県外出荷され、国の指定野菜価格安定事業の指定産地、県の拠点産地の認定も受けている。

しかし、これまでの道は幾多のいばらの道でもあった。半農半漁の島で男性は漁業、女性は農業を営んでいた時もあったようだ。ニンジンの生産量、出荷額がなかなか伸びず、単価も低迷していた時もあったようだ。

琉球大学の幸地、川満、村山先生らによる作物栄養学的評価によると、宮崎県のA町のニンジンに比べて、カロチン、ミネラル、カルシウムの含有量が極めて高いとの評価を得ている。また色、香り、糖度とも良く、県外、県内の市場で高値で取り引きされている。十二月から始まり、来年四月まで続く。今期も高値で取り引きされるように願っている。

（二〇〇六年十二月）

案外おいしいコリアンダー

最近、スーパーなどでよく見かけるようになった野菜の一つにコリアンダーがある。先日、隣のNさんから採りたてのコリアンダーをもらった。さっそくボロボロジューシーにして食べてみた。少し独特の香りがあったがおいしかった。コリアンダーは英名で、一般名は香菜といい、セリ科の一年草だ。地中海東部が原産で高さ八〇センチにもなり、葉、茎、果実には独特の芳香があり、香辛料として用いられる。熟した果実は、レモンに似た香りがある。葉は東南アジアから東アジアで薬味として利用されるが、独特の風味があり、カメムシのような風味であると嫌う人もいる。

コリアンダーには、体内にたまった毒素や老廃物を取り除く、つまり解毒する成分が多量に含まれているとの最近の研究報告もあり、注目されている。とくにヒ素、水銀、ニッケルなどを排出する作用があるようだ。

長年、食材として愛用している首里の友人によると便秘や腰痛にも良く効くという。ジューシー、タイ風カレー、ポーポー、卵焼き、サラダにして食べるとおいしい。

また乾燥させて泡盛につけ「アクアビット」風にして飲むこともできる。

（二〇〇七年二月）

英国の田園旅行

秋空の下、イギリス一週間の田園旅行で見聞してきた事を書き留めたいと思う。

イギリスが多くの旅行者を引きつける一番の魅力は、その伝統、歴史であろう。多くの歴史的建築物、王室、ダーウィン、ニュートン、ワット、シェイクスピア、ケインズ、ワーズワースら様々な芸術や学問分野で世界史上に名を連ねる賢人たち。数多くの成功や失敗を積み重ねてきた、いわば「賢国」でもある。

もう一つのイギリスの魅力を上げるとしたら、その景観の美しさである。歴史の影を随所に残す町並みも美しいが、自然の美しさ、自然と歴史の調和した美しさはまた格別だ。

ロンドンは、森と緑と霧の都市といわれるだけあって、街路樹、公園に、プラタナス、カシの木の大木がみられ、たいへん美しい。それに電線、電柱がほとんどみられないし、ネオン、宣伝用の看板がけばけばしくないので、町並みが整然としている。

またこの国の田園の美しさは、世界でも指折りものである。市街地を離れると、たちまち家並みの向こうに丘陵地帯があらわれる。

巨大の動物のようにうねりながら続く起伏は緑のベールで覆われ、白い物体が点々と散らばっている。羊の群である。

わずか六日間の旅ではあったが、ロンドン市、メイドストン市の周辺を見聞して、英国の自然、文化、歴史の一端を見る楽しいひと時だった。機会をみつけてまた行きたいものだ。

（一九九七年十二月五日）

南仏の旅

降り注ぐ太陽、海からの爽やかな風、咲き乱れる花々の香り。訪れる人を元気にする不思議な力にあふれている南仏。一般的には、南仏とは、アルプス山脈と地中海に挟まれたフランスの南東部で、山に象徴される西側のプロバンス地方と東側の地中海沿岸にあるコートダジュール地方の事をいう。

列車でパリからプロバンス地方に向かっていくと、オリーブやブドウ、ヒマワリ畑が広がり、のんびりした田園風景が見えてくる。

南仏ほど、天と地の恵みを受けているところは無いかもしれない。だからこそ、たくさんの芸術家がこの地に魅せられ、素晴らしい作品を残したのだろう。ゴッホ、ピカソ、セザンヌなどなど。

南仏の文化、芸術の中心地、プロバンスの入り口、交通の要所でもあるアビニョンは、あの有名な「橋の上で輪になって踊ろうよ」の町でもある。町の人が踊るほど嬉しかった理由は、十四世紀にボルドーの大司教がローマ法王に選ばれてローマに向かう途中、政治的理由でこの都市にとどまる事になったからだという。

それから百年にわたって、この町に法王庁が置かれていた。城壁に囲まれた小さな中世の町は、徒歩で充分回れる町並みとプラタナスの並木、親切な人々がとても印象的な観光地だ。

毎年行われている演劇祭には世界中から多くの人が集まる。今年の七月に、伊是名村の尚円太鼓も出演し喝采を浴びた。

（一九九七年十二月二四日）

南仏の田園旅行

地中海に面し、沖縄と気候、風土が似かよった南仏の農業、田園旅行について述べたい。南仏（プロバンス）はフランスの国土の中でも決して、肥沃な土壌を有している地域ではない。むしろ、降雨量が少なく、人口も少なく、農地に適さない山地や森が全面積の三分の一近くを占めていて、東西南北の気候の違いも意外と大きい。農業の内容も自然的、社会的条件の影響を強く受け、それぞれの農業的特色の違いが気候風土と直結した差異となって表われている。

この地域の主要な農作物は、ブドウ、花、野菜、果物で、ワインの生産も盛んな所である。ワインは、ギリシャ、ローマ時代から続く南西ヨーロッパ、そして北アフリカ文化の命の水なのだ。ブドウ畑が耕地面積の大部分を占めていて、そのうちワイン用のブドウ畑がそれの三分の二、ほかが果物用のブドウとなっている。

アビニョン市の隣リール、シェール・ラ・ソルグ市は、高価な美術品の中に粗末な農具や生活用具も顔を見せる骨とう市で有名な所だ。それに町中を数本の運河が流れる水郷で、その名は「ソルグ川に浮かぶ島」を意味し、南仏のベニスともいわれている。

水の恵みは、かつては水車の動力となって、紙すき、染色、オリーブの圧搾と人々の生活を潤してきた。現在は絵ハガキの定番として訪れる観光客の心を和ましてくれている。水、建物、自然がマッチした美しい町だ。

（一九九八年二月）

サーターヤーと私

今では離島の小さな工場や観光施設でしか見られないが、私が幼少の頃までは各集落に黒糖工場が多数見られた。私は母と一諸によく黒糖工場に行った。父が小さな工場の現場責任者をやっていた関係で、母は弁当を届けに私をつれて二キロの道のりを歩いて通っていたのだ。その頃、石垣市大浜集落には二つの黒糖工場があり、その一つが大浜集落の北側（磯辺）にあり、それが大同製糖工場であった。もう一つは赤下橋の近くにあったが、その名前は忘れてしまった。

製糖の歴史は、琉球王朝時代まで遡るようだ。それから戦後の一時期までは、黒糖生産が主流であった。その黒糖を作る所をサーターヤー（砂糖小屋）と言って、サーター車を馬が回している牧歌的な光景がどの集落でも見られたという。戦後は機械化され、見られなくなったが、サーターヤーをユイマール（相互扶助）でやる黒糖作りをみるのは子供の頃の楽しみのひとつでもあった。黒糖は、さとうきびのしぼり汁を煮詰め、石灰を入れて作るが、途中で大ナベからシンメーナービに移し替えて固める。その際、ナベのふちに付着した水アメのようなモノが目当てで、完成品の黒糖よりうまかったものだ。

さとうきびを搾る圧搾機は、鉄製のものであったが、煮詰める釜の燃料は、まだ廃材や薪、さとうきびのしぼりかす（バカス）を乾燥させて利用していた。工場の周囲にはこれらの燃料が所狭しと置かれているのを思い出す。

しばらくしてサーターヤーはなくなり、黒糖生産から現在の大型分蜜糖工場へと移行していった。

幼少の頃に、知らず知らずのうちにそこから得たもの、見たもの、学んだものは、私にとってかけがえのない原風景であり、心の財産でもある。サーターヤーでのできごとも、私には原風景のひとつであり、大切な財産だと思う。

（二〇〇七年一月）

Ⅱ

水の章

水田のある農村風景（石垣市2007年3月・八重山農政・農業普及センター）

一　北大東島におけるさとうきびの展開過程

北大東村は、沖縄県の最東端で那覇から約四〇〇キロ、「琉球弧」からはみ出した大東諸島の一島です。南北両大東島の特色として、まず本島から地理的に遠隔地である事、そして島の海岸線が険しく、絶壁に囲まれている事などがあげられます。また、歴史的には同島の歴史は浅いけれども、沖縄県の歴史の中では特異な存在です。島の経済を支えているのはさとうきび作で、全耕地面積の九割を占め、もっとも重要な換金作物となっています。したがって、同島とさとうきび作を切り離して考える事はできません。ここでは、さとうきび単作が島の経済をどのように形作ってきたか、そして、それがどのように展開してきたかを、会社組織された製糖会社の移り変わりや、それにまつわるさとうきび栽培や製糖の状況などを中心にして概括していきたいと思います。

一　玉置商会時代

玉置半右衞門は国及び当局から明治三三年（一八九九年）より向こう三〇年間大東島の貸し下げが許可

され、早速、「三〇年の貸し下げ期間を経過したら、開拓民の所有とする」事を条件に郷士八丈島で二三名の出稼ぎ人を募り、翌年の一月二三日には、南大東島の西海岸から上陸し、開拓の第一歩を記しました。開拓民は先を競って住宅の建設、土地開墾、さとうきびの植え付けなど、労働は激烈さをきわめました。そして、南大東島においては明治三五年に八〇俵の砂糖を製造し、黒糖製造技術者十八人が来島したといわれるほど、さとうきび作への意欲は高まります。その後、製糖技術もだいぶ進み、三八年頃から分蜜糖製造ができるようになりますが、分蜜糖の価格低迷で再び四〇年以降は、数カ所の旧式製糖所を利用しての黒糖製造に転換します。玉置は明治三三年南大東開拓と共に、北大東島にも上陸し、さとうきび八株を植え付けています。しかし、北大東はリン鉱に恵まれていた事から、さとうきび栽培よりもむしろリン鉱採掘に重点がおかれました。すなわち四三年にはリン鉱の採掘計画を立てた玉置商会は八丈島や沖縄本島から移住者を募り、リン鉱採掘を本格的に開始したのです。

ところが、リン鉱採掘は鉱石やアルミナ分を多量に含有している事や採掘経験不足などで採算が合わず、一年間で一時中断し、本格的にさとうきび畑の開墾に力をいれます。他方、玉置商会は大正三年、開墾の名目で沖縄本島から多くの移住者を募り、また内地（本土）と沖縄との連絡、交流不十分を理由として、物品交換券（私製紙幣）を発行する事も忘れませんでした。南北両大東島の土地を、特別に貸し付けられた特権を十分に利用して、土地開拓の夢を持った出稼ぎ人を募り、土地の割り当てをやり、農民にある程度の耕地拡大を許しながら、農民自身に開拓を競争させたのです。このようにして、玉置商会は島に適したさとうきび作を農民に受け持たせ、製糖業による利潤を吸収する方向で南・北大東収奪の基礎を築きました。反面、無人島の密林を切り開き、自作農たらんとした農民（開拓民）の労苦は計り知れないものだったに違いありません。このように資本による利潤を媒介として、開拓島民を支配できたのは、さとうきび単作農業であり、地理的経済遠隔地であるためと思われます。この事が次に登場する新たな資本による支配を余儀なくされる要因となっていくのでした。

二　東洋製糖時代

大正五年に大東島経営の仮契約を結んだ東洋製糖と玉置商会は、大正七年五月一日、大東島の粗糖買い受け先である神戸の鈴木商店の斡旋で、大東島経営売り渡し移譲の本契約を締結し、売り渡しを完了しました。この時より、生活する人々の一生までも近代的産業資本（東洋製糖会社）に売り渡されたのでした。古くからのユートピアの島、八丈島民の希望の島は、産業資本＝日本帝国主義の搾取と支配への道を歩み始めますが、その年にも、南大東島へ八丈島の人たちが農業移住民（小作人）として移住しています。譲渡を受けた東洋製糖は南大東に新たに分蜜糖工場を施行する一方、小作地の譲渡については会社の承認と手数料を課する事を義務づけます。違反者は退島を命じられ、また玉置商会と同様に島独自の物品引換券といわれる会社発行の商品券を代用通貨として使用させるなど、住民の自由拘束と支配を一段と強化しました。これと同時に、北大東島の産業資本も東洋製糖に変わりますが、黒糖生産の組織は従来のままであったと考えられます。沖縄本島の産糖地では「砂糖与」というユイ組織があり、長い製糖の歴史の中で定着し、相互扶助と自他の利益の増進のために役立ってきましたが、明治末期に製糖業が起こった北大東島には砂糖与は容易に導入できませんでした。というのは開拓当時から小作人は二〜三ヘクタールもの大規模な耕地を耕作し、そこでは砂糖与を組織しても、多くの与では雇い人（賃雇）を入れなければ、製糖は不可能という要素が働いたからです。

次に東洋製糖と島民（小作人）に取り交わされた、悪法名高い二五条の覚書を紹介します。

その第一条には、従来の農業移住民と玉置商会との慣習をそのまま実行するとあり、農業移住民（小作人）と賃雇労働者の身分（階層）を明確にしました。そしてこの賃雇労働者には、正式な島民としての権利を認めなかったのです。三条には小作地の契約継続が明文化され、「会社の指示に反せず、小作地を荒廃せしめる事なく、秩序を乱す行為なき場所」という小作契約をたてに、島民全体を会社の指示通りの生産計画に従わせる方向を確立し、増産指令に従わない農民の小作地を、荒廃せしめる者として土地没収する体制がとられます。五条では「小作地の一〇分の一のさとうきび・穀物や野菜の耕作を認める」とし、さとうきび作一本の農業政策を打ち出しました。また、七条では「会社の指示に従って、作物の種類の選定、耕作、肥培の方法を行う事」と規定し、うね幅、株間の統一や他作物の栽培制限などにより、さとうきびの強制耕作が行われました。

この二五条の覚書は東洋製糖の搾取と支配の基礎をなしたものであり、さらに島民と取り交わされたいくつかの規定は、支配の第一布石でもありました。東洋製糖は先の覚書を一歩進めて、支配の礎を徹底させるため小作地規定を改正します。島民を「永住の目的を持って渡島し、土地の割り当てを受け、誠実に耕作する者」と規定します。会社にとって割り当てを受け、一生、会社の指示に従い耕作する者だけが必要な島民だったのです。すなわち、島民は兵役以外には島を出る事もできず、ただプランテーション労働者として、一生を会社の命令に従い、さとうきび耕作をするだけだったのです。その他に、さとうきび栽培人夫規約書、さとうきび小作人規定、農業協同作業規定、さとうきび奨励規定をつくり、さとうきび作、野菜栽培、そして共同作業にまで規定して強制労働を強いたのでした。

三　大日本製糖への併合

東洋製糖は大正末期からの金融恐慌によって経営危機に陥ると、海外に工場を持ち、巨大製糖資本に成長した大日本製糖に併合されました。大日本製糖の時代になっても玉置、東洋の搾取の方法をそのまま踏襲し、例の物品交換券という私製紙幣を使いました。もちろん農作業やさとうきび作、野菜作についてもさらにきめ細かく規定が定められます。例えば、昭和十二年一月十二日の原料刈り取り運搬心得によると、

【一】原料刈り取り順序

各自さとうきび園登熟の優良なるものを検査し刈り取りの順位を定むる。本期は次の順序で行う。

①株出しさとうきび園　②早植　③遅植（夏植）

【二】原料の調整

剥葉を完全にし、できる限り、深刈する。毛根を除去し、泥土を付着させぬこと、腐蝕せるものは、絶対に混入せず、きりすてるべし。調整不良なるものに対し、刈り取り賃金を減給す。

【三】結束担送

結束なる原料は園場道路側まで担送すること。重量不足あるいは結束の粗雑なるものは賃金を減給す。一束の重量は二〇斤とす。

【四】原料運搬
原料は工場指定の場所に整然とおろし、乱雑にならざる様、注意すべし。原料運搬牛車には必ずロープを用いるものとす。

さらに昭和十六年～十七年さとうきび作糖補助規定には一、二条で会社の指示する方法で植え付けするさとうきび園についてては補助金を出すとうたっています。三、四条で肥料、除石、病害虫駆除にたいする補助。五条では耕作者の義務として、①小作規定に準拠しさとうきび作を実行する事 ②会社の指示する耕作法に従う事 ③標準以上の畜牛を飼養する事 ④自家労力の涵養に努める ⑤病害虫の防除は会社の指示に従う事。以上により大日本製糖による指示はさとうきび栽培法だけでなく、調整、原料運搬場所にまでおよんでいました。また、さとうきび植え付け面積をも規定しています。例えば、休閑地以外に夏植えを何ヘクタールにしろと、土地割当面積に応じて命令し、農家は採算に合おうが、合うまいが強制的に会社の生産計画に従わねばなりませんでした。つまり、農家、賃雇労働者は、強制耕作、会社売店による独占販売、耕地没収、退島処分、高い小作料でみられるように、収奪につぐ収奪が行われていく中で第二次世界大戦へと組み込まれていくのでした。

四　戦後――北大東製糖時代

終戦と共に、島民には食糧確保のための新たな戦いが待ち受けていました。さとうきび・キャッサバ・大豆・麦などを主食糧とした自給農業が営まれました。南大東島では、昭和二一年の時点で早くも農業組合を組織して畜力による製糖が行われています。しかし、農業組合の零細な設備と小資本で黒糖生産を行う事は、運搬税を含めた高い生活物資を移入するほかない同島では、採算が合いませんでした。つまり頭打ちの設備と資本では糖業復興はできなかったのです。そこで昭和二五年九月に近代的資本を装備した大東糖業の設立に至ります。

ところで、北大東島でも、戦後二～三年間は食糧確保を主とした自給農業でした。以後は、現に黒糖工場跡が見られるように、島全体が四つの組（班）に分けられ、自主的な組織として、黒糖製糖が営まれました。けれども、南大東同様、島内の頭打ちの設備と資本では近代的な製糖工場設立は不可能だったのです。昭和三三年、大東糖業と同一資本の琉球煙草により一五〇トンの黒糖工場が設立され、後に分蜜糖工場の生産も営みます。さらに昭和三九年には、十三年間の土地所有権の争いの末、やっと土地が農家の所有となりました。

さとうきび作は分蜜糖工場の設立、日本高度経済成長のあおりと世界的な砂糖不足による県内の糖業ブームなどで次第に発展していきました。そこで一農家当たりの耕地面積が五～六ヘクタールと広い同島では、四一年～四七年、四九年～五一年と、外国労働者を雇い入れてのさとうきび収穫が行われています。そうしなければ、島の産業（経済）が確立し得ない経済構造は珍しく、これもまた同島の宿命なのでしょうか。

五　まとめ

以上北大東村のさとうきび生産の過程を述べてきましたが、以下のようにまとめることができます。

Ⅱ－表１　さとうきび生産高と外国労働者導入の推移（北大東村）

年次＼項目	生産高		外国労働者数	農家戸数
	実数	指標		
昭和33／34	7.170t	100		
35／36	9.462	132		
37／38	11.633	162		
41／42	21.553	300	？	148戸
42／43	29.902	417	181人（台湾）	
43／44	29.392	410	236（〃）	
44／45	28.086	397	250（〃）	
45／46	36.696	512	192（〃）	109
46／47	19.596	273	121（〃）	
47／48	20.274	283	33（県外）	
48／49	25.378	354	109（韓国）	102
49／50	22.849	319	125（〃）	

資料：北大東製糖、北大東村役場より

①同島のさとうきび生産は開拓以来、戦時中を除いて、一貫して島の農業の随一のものとして営まれてきました。全耕地面積に占めるさとうきび作付け面積は沖縄本島では三五パーセント（戦前）であるのに対して、同島は戦前戦後を通して九〇パーセントです。さらに黒糖生産は沖縄では家族血縁共同体的組織で行われてきました。同島のそれは、雇用労働者を中心にして営まれてきたのです。

②戦前はリン鉱夫として、台湾から労働者を、戦後は台湾・韓国からさとうきびの収穫労働者を導入してきました。

③南・北大東は開拓以来日本資本主義の発展過程で、いきなり産業資本の発展期に巻き込まれ、また孤島性もあって、島独自の商品券でみられるように封鎖的な形で経済が営まれてきました。戦後は長い間うやむやにされていた土地所有権が、米民政府統治下でキャラウェイ高等弁務官の頃、農家のものになります。また近代資本を装備した製糖工場設立で、さとうきび生産量は飛躍的な発展をみせています。

しかしながら、同島が今後とも発展していくかは島民の努力による事が大きく、今こそ、差別されたものの力として自己の内部に許した真の加害者を再発見してほしい。自らの島は自らの手で創らねばならないと思うからであります。

（一九七六年四月記）

上空から見た北大東島（中央）（昭和50年4月著者撮影）

上空から見た北大東島（昭和50年4月著者撮影）

二　知念村のサヤインゲンの産地育成

本土復帰を目前に控えた昭和四六年から昭和四七年四月にかけて、普及所、農協、県経済連が一致協力して知念村の農業振興長期計画を作成し、そこで、サヤインゲン、にんにく、サトイモ、花き等を県外出荷品目として位置づけ、強力に県外出荷を推進する事になりました。それ以来、今日まで知念村農業協同組合をはじめ、関係機関とともに着実に取り組んだ結果、本県の県外出荷野菜の先導的役割を果たし、サヤインゲン、オクラの生産地が育成されました。ここでは、サヤインゲンの県外出荷産地育成の過程について、概要を紹介します。

一　産地の概要

知念村は沖縄本島の東南部にあって、村の中央部にある役場から北東部側は、起伏も緩やかで土地も肥沃です。南西部側には、部落後方に、起伏の激しい山岳地が連なり、ここは後方の山手から流れ出る泉によって水田をなし、沖縄本島南部の米どころとして知られています。この地域は、海岸線に面し北側は丘陵となっているので、比較的暖かく、年平均気温は二二・八度、年間平均降雨量二、二〇〇ミリです。土壌は泥灰岩からできたジャーガル（八二パーセント）と珊瑚石灰岩からできた島尻マージ（十八パーセント）からなり、上原一帯は、定期的な乾燥地帯です。

本村は、昭和三六年頃のさとうきびブームまでは、ほとんどの集落に水稲が栽培されていました。それは地下水が豊富で南海岸に面しているところが多く、暖かい事に起因している。また北側が丘陵となっていて、風あたりの少ない南西部（志喜屋、山里、知念部落）には、昭和四〇年頃から、野菜栽培農家が増え、Ⅱ－表２・３に示すように、産地はこのような立地条件を生かし、急速に伸びてきました。

二　普及活動の概要

（1）本土復帰までの普及活動

本土復帰までの野菜生産は、一部の都市近郊を除いては、ほとんど自給用の生産でした。しかし、復帰をひかえた昭和四六年頃から農業振興計画が作成され、県外出荷を目的とした野菜類の品目の選定、試作が行われました。本村においても、農協、役場、普及所とで、四七年に農業振興長期計画書を作成し、サヤインゲンを県外出荷品目として位置づけ、それにむけて普及員、営農指導員等が、経済連の市場情報、農試の研究資料を参考にし、数品種を試作し、品種の選定、作型、栽培法などについて検討会が行われてきました。

Ⅱ－表２　知念村のサヤインゲンの県外出荷実績

年　　項目	県外出荷量	作付面積	生産農家	品種
昭和47	420kg	テスト出荷	4戸	ケンタッキワンダー（ヘルモス）
48	－			
49	30t	4ha	46戸	ケンタッキワンダー（ヘルモス）
50	111t	10ha	123戸	ケンタッキワンダー（キーストン）
51	244t	25ha	231戸	〃
52	339t	35ha	236戸	〃
53	503t	50ha	274戸	〃

Ⅱ－表３　知念村におけるサヤインゲンの経営行動

年　　次	外部環境条件	主体的条件	経営行動
1970（昭和45）～1972年（47年）	o本土・高度経済成長 o県外出荷品目の選定（経済連等）	o野菜農家ふえる	o山里、志喜屋、知念でサヤインゲン栽培
1972年（47年）	5月　本土復帰	oサヤインゲン農家５～６名で県外出荷する	作付面積　約１ha
1973年（48年）	石油ショック		
1974年（49年）		o県内サヤインゲン産地(那覇)視察 o知念村農協野菜生産部設立（42人）6月	o村農協本格的に取り組む o品種の検討
1975年（50年）	o沖縄海洋博開催 oサヤインゲン空輸で出荷		品種ケンタッキワンダー（キーストン）
1976年（51年）	o75年11月～76年５月まで東京市場で指定席を得る oサヤインゲンブーム	o出荷額1億円を突破する(突破祝賀会) o高知県に視察研修	o鉄筋・パイプでの支柱増える
1977年（52年）	oサヤインゲンの県外出荷の60%を占める o円高ドル安	o7～8月、オクラは種、後作にサヤインゲン o東京市場調査（役場・農協・農家）	o隣村でハウス内にサヤインゲン導入 oサビ病多発 o長雨のため収量おちる oヒヨドリの害出る
1978年（53年）		o農産物の生産額、第１位となる	o防風垣、徹底される
1979年（54年）	o第2次石油ショック o８、９、10月に本島に台風接近し被害受ける(10、11、12号)	o500トン突破祝賀会	o一部マルチ栽培普及 oハウス内でのサヤインゲン導入農家（４戸） oヒヨドリの害多発

（２）復帰後の普及活動

昭和四七年十一月に四戸の農家で東京市場に試験出荷を行った所、当時、東京市場の要求（収穫方法、サイズなど）が厳しかった事や、ウリミバエの異常発生でくん蒸しなければ出荷できないという悪条件が重なって、サヤインゲンでは生活できないという農家の声もあがり、一時は出荷を見合わせました。しかし、その後東京市場からの要求がこれまでより緩和された事や、くん蒸施設等の設備が整い、空輸による出荷態勢が整うなど、諸条件が整備され、生産、販売とも軌道にのり、現在に至っています。

四九年五月、山里、志喜屋部落の農家三〇～四〇人が県内の野菜産地（インゲン）を視察し、組織の必要性を感じ、六月十九日に普及所、農家の協力のもとに野菜生産部会が結成されます。

この組織の支部を中心に、部落懇談会や栽培方法等の講習会を積み重ねながら、五一年には五〇人の農家が高知県のサヤインゲン産地を観察し、研さんを重ねました。

一方、知念村を中心とした隣村のサヤインゲン出荷産地の営農指導員、普及員が集まって、品種、作型、栽培方法について検討会、情報交換を行い、農家への指導がスムーズにいくような体制もとられてきました。そうした関係機関の協力のもとに、農家への指導、督励が徐々に、県外出荷への認識を高めさせ、今日のような産地形成に至ったのです。

三　効果と波及性

（１）農協を中心とした野菜生産部会は、各部落に支部をおき、三〇四戸、栽培面積も五五ヘクタールとなり、さとうきびをぬいて農産物第一位で販売金額四億四千万をあげ農業所得の増大をもたらした。
（2）十一～五月の七か月間サヤインゲンの販売収入があるため、解雇された軍雇用員やUターン青年に野菜、花き園芸に対する関心が高まり、全部落に野菜農家が増加するようになった。
（3）県外出荷の草分け的な存在で、県内にサヤインゲン栽培ブームをまきおこすとともに、県外出荷品目を増やし、生産出荷を定着させた役割は大きなものがあった。
（4）一時、山原竹（支柱）を使用した事があったが、収穫時の労働力軽減と、受光量を増やすためにパイプトンネルによるネット栽培が行われるようになった。
（5）ダイオウネットやカンレイシャ等の防風垣の設置により、商品化率が向上した。

四　今後の課題

これまで、産地育成の概要を見てきたが、今後ともサヤインゲンを中心とする安定的な産地として存立していくには、いくつかの問題点があります。以下はその主なものです。これらの課題を解決していくには、なお一層の農家、役場、普及所等の連携強化が必要と考えられます。

（1）単収の引き上げと堆厩肥の施用

現在単収は、約一トンであるが、土づくりの徹底や栽培技術の向上によって、二～一・五トンは可能である。

（2）平準出荷の確立

十一月～五月の出荷期間で、一～三月の出荷が少なく不安定なので、この期間の計画的な出荷が出来るような作型の検討と施設内への導入が望まれる。

（3）集出荷体制の確立と省力化対策

選別、調整に多大な労働力が掛かるので省力化を図るため選別機の研究導入が急務である。

（4）農地、農道の整備

農地、農道の早期整備が必要である。

（一九八〇年十一月記）

知念村のサヤインゲン。タフベルでの栽培風景

三　南部地区における露地電照菊の問題点と改善策

県農林水産部は、市場の求めに応じて「定時、定量、定品質」で出荷できる園芸品目を戦略品目と位置づけて、農林水産業振興アクションプログラムを策定しました。その中で、一九九八年度は糸満市の大（輪）菊、具志頭村の小菊が拠点産地の指定を受け、足腰の強い信頼されるブランド化を目指して活動を始めました。

南部地区における一九九七年（平成九年）の電照菊の切花の栽培面積は一五二ヘクタールで、出荷数量六四、四一六、〇〇〇本、出荷額二五億八千万円であり、栽培面積、出荷量、出荷額とも県全体の約二〇パーセントを占めています。

今回は露地電照菊の問題点と改善策について述べてみます。

まず、大きく分けて、

一　品種の課題
二　土づくりの課題
三　栽培上の課題

四　経営上の課題

について考えます。

一　栽培品種の問題点と改善策

（1）白色の大（輪）菊は、「秀芳の力」が栽培されているが収穫本数が少ない。

（2）黄色の大（輪）菊は、「精興の秋」が主に栽培されているが、マメハモグリバエに弱い。

（3）白色の小菊の主要品種である「沖の白波」は、花色の純白さに欠ける。

（4）赤系の小菊は「芳香」、「みやび」、「カリブ」、「美玉」と数多く栽培されているが、育苗の難しさ、葉が大きい、作り難い等の欠点がある。

改善策として

（1）作りやすく市場性もある品種の育成。

二　土づくりの問題点と改善策

（1）堆肥の投入量が少なく、緑肥の栽培があまりされてない。

（2）堆肥として扱いやすいペレット状の鶏糞を使用している農家が多い。

（3）土壌が硬く、排水が悪いため苗立枯病の発生がある。
（4）本畑定植後に新葉の黄化、新葉が展開しない。また、草丈の伸長がほとんど見られない。
（5）購入堆肥に頼りがちな面があり、組織的、集落単位に取り組む必要がある。
（6）連作障害の畑がみうけられる。

改善策として
（1）一〇アールあたりの堆厩肥を二・五～三トン投入する。夏場にソルゴー等の緑肥栽培を行う。
（2）牛ふん、ヤギの堆肥、ススキ、さとうきび等で有機物を投入する。
（3）土壌の物理性を改善し、暗渠排水施設の整備、敷き草の徹底。
（4）四～五年に一度の天地返し（パワーショベル等）を行う。
（5）グループ、集落単位での土づくりの徹底。

三　栽培管理上の問題点と改善策

（1）苗作りが十分でなく、計画生産にあわせた苗生産ができず、一部苗不足をきたしている。
（2）施肥技術が十分でなく、鶏ふんや、ＣＤＵ等を追肥として使用しているため、肥料の後効きによる大（輪）菊の首曲がりや、栄養枝の発生による品質低下がみられる。
（3）マメハモグリバエ、スリップス立ち枯れ病等の病害虫の発生が多い。

（4）長期干ばつになると水不足になる地域があり、水資源等の確保が難しいところがある。
（5）定植作業は手作業であり、時間が掛かりすぎる。
（6）地域により、台風、強風の激しいところがある。

改善策として

（7）計画生産に向けた苗生産の体制の確立および育苗技術の向上。
（8）施肥管理技術の改善および向上。
（9）耕種防除を含めた病害虫の防除対策。
（10）農業用水の確保。
（11）省力栽培、定植機の開発および普及。
（12）防風ネット、及び防風垣の設置。

四　経営上の問題点と改善策

（1）市場価格が不安定で生産費を割る価格になる場合がある。
（2）作型の検討、野菜との輪作体系の確立が十分でない。
（3）経営費に求める輸送経費の割合が高い。
（4）特に輪ギクでは、単位あたりの収量が少なく、粗収益が低い。

これらの改善策として、次の点があげられます。
（1）価格補償制度の創設。
（2）品種及び野菜との輪作体系の確立。
（3）多収量、省力栽培に向く品種の導入、普及。

（一九九八年十一月記）

四　沖縄県における洋ラン栽培の現状と今後の課題

県下の花き生産は順調な伸びを見せており、一九八八年（昭和六三年）は一二〇億円、中でも洋ランは急激な伸びを見せています。切り花、鉢物を含めてランの一九八八年年出荷額は十二億八千万円です。県下のラン切花経営が普及したのは、ここ数年の事。ラン栽培の施設に国、県の補助事業が導入されたのは一九八二年度、糸満市に一・一ヘクタールの大型団地がつくられたのが初めての事でした。現在我が国には多種多様の切花が輸入されています。中でも洋ランが最も多く年間約八四〇〇万本がタイ、シンガポール、ハワイ等々から輸入されています。特にタイからは、切花、開花株（幼苗を含む）が大量に輸入されています。

さて、沖縄県は国内唯一の亜熱帯という地理的有利性があり、特に洋ラン（デンファレ）栽培において次の有利性があります。

1　沖縄は年間を通して温暖である。

2　ランの花は一本当たりの価格が高い。

3　需要が高い。
4　株は毎年大きくなり切花本数が多くなる。
5　他県に比べ、ランの愛好家が多い。

デンファレの栽培は今後も増えると考えられるので、品種選定時の留意点（切花用品種として具備すべき点）を次に述べます。

1　ステム（花長）は太く、長さが四〇センチ以上あるもの。
2　一本あたり輪数が十二輪以上あるもの。
3　花色が優れ、花弁厚く、丸弁で花形良く花もち（水入り）が良いもの。
4　一株当たり切花本数は年間四本以上あるもの。
5　花立（立性）が良く、株を永く使用できるもの。
6　作り易い強健性のもの。
7　落花、落蕾が少ないもの。
8　需要が多い品種（人気のある品種）。
9　沖縄県の高温多湿の気候で生育が盛んなもの。
10　輸送に強いもの。
11　開花時期が需要期に合ったもの。

Ⅱ－表４　デンファレ切花経営の経営試算例

単位：千円

項目＼農家別	A農家		B農家		C農家	
	30a	10a	17a	10a	19a	10a
生産量（出荷量）本	210,000	70,000	78,000	45,880	86,000	46,486
販売単価円	150	150	200	200	250	250
販売粗収入（A）	31,500	10,550	15,500	9,176	21,545	11,621
種苗費	自家交配	自家交配	1,584	932	767	415
肥料・農薬費	1,125	380	822	484	827	447
燃料費	800	270	870	512	317	171
販売経費	6,702	2,264	4,422	2,601	6,380	3,449
雇用労賃	3,150	1,064	1,150	676	0	0
減価償却費	3,344	1,130	2,068	1,216	2,553	1,380
その他	3,751	1,267	3,481	2,047	2,544	1,837
経営費合計（B）	18,872	6,375	12,813	7,536	13,388	7,699
農業所得（A－B）	12,628	4,125	2,787	1,640	8,157	3,922

以上、デンファレ栽培上の有利性、品種選定時の留意点を述べましたが、今後一層の生産拡大を図るには解決をしなければならない種々の問題があります。そこで、現在考えられる問題を整理してみました。

1　品種選定を慎重に行う。

2　優良品種を安定的且つ安心して入手できるシステムができる事。

3　植え込み材料（培地）に合った施肥体系の確立。

4　夏場や台風（ハウスを密閉するため）時の高温対策。

5　植え込み材料に合った灌水方法の確立と良質な水の確保。

6　ハウス管理技術の徹底（光、温度、換気通風）。

7　加温期導入の是非の検討。

沖縄の花き（切花）はキクを中心に伸びてきましたが、これからはさらに生産量を伸ばすには、熱帯の花き類（ランを含めて）の栽培面積の拡大への取り組みが必要とされています。なお、デンファレ切花の経営試算例はⅡ－表４の通りです。

（一九八九年一月記）

デンファレ　プラモット№3

五　中城村洋ラン団地の育成

一　産地の概要

中城村は、那覇市の北東十六キロの東海岸部に位置し、近年、周辺地域が都市化へと進行しつつあるなかにあって、今なお、農村的色彩を保っている地域で、中城湾に面した広大な平地は県内でも有数な農業地帯です。

中城村の耕地面積は六〇二ヘクタールで、農業生産面積が最も多い作目はさとうきび、ついで野菜、花きと続いています。一九八九年（平成元年）における花き生産高は約三億九〇〇〇万円です。花きの中でもキクが九三・五パーセントと高く、またキクの中でも他の地域に比べて、大(輪)ギクの割合が高く、生産高は県内市町村で十一位の成績です。花き栽培農家の一戸当たりの経営耕地面積は二三アールと小さいが、立派な花き産地として発展してきています。

中城村における花き生産の歴史は、沖縄県花き園芸協同組合が組織され、本格的な花き生産出荷が始まった一九七六年（昭和五一年）秋に、一部の農家において、小規模の無電照寒小ギクからスタートしました。

キクの栽培が基幹作物であるさとうきびより高収益であった事から、周辺農家にも強い影響を与え、建設業や米軍基地で働いていた兼業農家の中にも、キクの栽培に取り組む人が増えてきました。

二　補助事業導入の背景

中城村における補助事業による生産団地の育成はこれまで施設野菜が主体でしたが、一九八七年度（昭和六二年）に四戸の農家が南浜洋ラン生産組合を結成しました。南浜洋ラン生産組合が、農業構造改善事業によって、鉄骨ビニールハウス四、六六〇平方メートル導入に取り組んだのが洋ラン生産の始まりでした。事業導入農家は、早くからキク栽培に取り組んだ農家で、年間を通じた家族労働力の配分、夏場における収入の確保等の面から、夏秋期に出荷できる品目の検討を進めました。キクだけの経営では、農繁期と農閑期がはっきりとわかれ、家族労働力の配分が年間を通じて難しい事から、新しい品目の導入についての情報収集、情報交換、視察研修を重ねて検討した結果として、洋ランの切花生産団地の導入を決定しました。

三　補助事業導入と普及活動

本県の補助事業による洋ラン、デンファレの切花生産団地の育成は、一九八二年度に糸満市と宜野座村で農業構造改善事業で導入されたのが始まりで、一九八四年頃から急激に増えてきています。その頃の洋ラン栽培は、輸送、収益性の面から切花生産が良いという判断で、デンファレの切花生産が主体となってきました。

本件の事業導入に当たっては、事業導入品目の選定事業計画の樹立、植え込み資材、品種の選定、ハウス構造と付帯施設の検討等について、組合員、中城村役場、中城村農協、農業改良普及所が連携をとり事業導入に当たりました。品種選定に当たっては、他の産地が新しい品種の導入を志向している事を踏まえ、他の産地で問題になっていた花落ちがほとんど無い事、早生品種で八月~九月と開花期が他の品種群と競合しない事等を考慮して、安心して生産できる品種としてプラモットNo.11を選定しました。

四　今後の課題

洋ランの導入は、キクとの家族労働力の配分が適正となり、夏場出荷できるのが魅力でしたが、デンファレの出荷最盛期に、キクの採苗圃の管理、年末出荷用の植付け、管理との労働力の競合がおこりました。またキクの出荷最盛期には、冬場の灌水、施肥、ハウスの保温管理等との競合が見られます。保温管理については、晴天時の換気が重要で、高温によって日焼け、落葉を起こして丸坊主になり、新しいリーフが出ても生育が貧弱になるなど、経営上の障害になっているので、今後、換気の自動化装置の導入が必要です。

また、現在プラモットNo.11のみの一品種を栽培しているが、今後花落ちが少なく、切花本数、市場等を考慮した新しい品種を導入するとともに、種苗導入費等によって経営を圧迫しないように自家繁殖、試験栽培を繰り返しながら徐々に品種を導入していく事が大切です。

（一九九〇年十二月記）

六　南部地区におけるデンファレ切花経営の問題点と改善策

南部地区における一九九四年（平成六年）のデンファレ切花の栽培面積は、二三ヘクタールで出荷数量三七三万本、出荷額六億円であり、栽培面積、出荷量、出荷額とも県全体の三〇パーセント余を占めています。今回は切花経営の問題点と改善策について、述べたいと思います。まず大きく分けて、品種の問題、栽培管理上の問題、経営の問題について、考える事にします。

一　導入品種の問題点と改善策

（1）種苗の導入先が主にタイ国であるので、適品種の確保が難しい。
（2）同一の品種の栽培農家が多い。また色に偏りがある。
（3）苗導入時に混入がみられる。また、シミ、花落ちする品種がみられる。
（4）株の老化、また品種を更新するのが早い。

これらの改善策としては、以下のことが考えられます。
①県産品のオリジナル品種の早期育成、または適品種のバックバルブ利用による自家苗の増殖。
②周年出荷、適品種の選抜は検討をする必要がある。
③信用のおける輸入業者からの苗導入。

二　栽培管理上の問題点と改善策

（1）㎡当たりの栽植密度が多い。
（2）夏秋期に高温乾燥状態にある期間が長い。
（3）秋から冬にかけての受光量の不足。
（4）植込み資材の多様化とそれにあった施肥、灌水方法の未確立。
（5）ハウス管理技術の不徹底。（光、温度、湿度、換気、通風）
（6）良質な水の確保が困難。
（7）栄養成長期と冬期の灌水管理が不十分。
（8）病害虫の発生。（タマバエ、スリップス、ダニ）

これらの改善策として次のことが考えられます。
①計画的な密植栽培と適正栽植密度一平方メートル当たり十二本。

②多灌水による適当な温度、湿度管理法の確立。
③ハウスの遮光及び温度管理の徹底。
④植え込み資材に合った施肥量、回数、灌水量、灌水方法の確立。
⑤ハウス管理技術の徹底と灌水管理技術の確立。
⑥良質、多量な水の確保（タンク等の設置）。
⑦栄養成長期の施肥管理法と冬期の灌水方法の確立。
⑧病害虫の早期、適期防除。

三　切花経営上の問題点と改善策

（１）一株当たりの採花本数が少ない。
（２）施設整備に係る経費が大きいため、規模拡大が困難である。
（３）生産費（コスト）が大きい。
（４）単位当たり収量が少なく、粗収益が低い。
（５）出荷期のピークと需要期のズレがある。
（６）栽培年数の経過に伴う密植害があり、収穫量の年次変動がみられる。

これらの改善策として次のことが考えられます。

①採花本数の多い品種の導入。
②パイプハウス等、低コストハウスでの栽培の検討。
③種苗費、減価償却費、販売経費等の低コストへの取り組みの強化。
④採花本数が多く、単価が安定し、高価格の品種の選抜。
⑤冬春期、または年中出荷可能な品種の検討及び導入。
⑥生育ステージに合った栽培本数と計画的な間引き栽培。

以上の事をまとめてみると、採算性を向上させる方法として以下のことが考えられます。
（１）売上単価を上げる事。
（２）栽培技術の向上により、採花本数を増やす事。
（３）施設の改善。
（４）より生産性、収益性の高い品種を導入する事。

（一九九六年十一月記）

七　南部地区におけるデンファレ切花経営の実態と今後の改善点

南部地区における一九九六年(平成八年)のデンファレの栽培面積は一九ヘクタールで、出荷数量二六〇万本、出荷額で三億四千万であり、栽培面積、出荷量、出荷額とも県全体の三一パーセントを占めています。デンファレ切り花生産においてはここ数年、出荷量、出荷額の低下がみられ、なお一層の経営改善が必要と考えます（Ⅱ－図1参照）。

この事から今回は、生産者の立場に振り返り「何故、農業所得が低いのか」を答えて頂くため、デンファレ切花生産のチェックリストを作成しアンケートを実施したところ、デンファレ切花生産農家二七戸（糸満市十一戸、豊見城村十一戸、大里村二戸、玉城村二戸、具志頭村一戸）の回答が得られましたので報告します（Ⅱ－表5参照）。

■　第一のチェック項目「粗収益が少ない」

この項目について二つの観点「生産量が少ない」「単価が安い」を調べてみました。

Ⅱ－図１　洋ラン(デンファレ)の出荷量・単価の推移

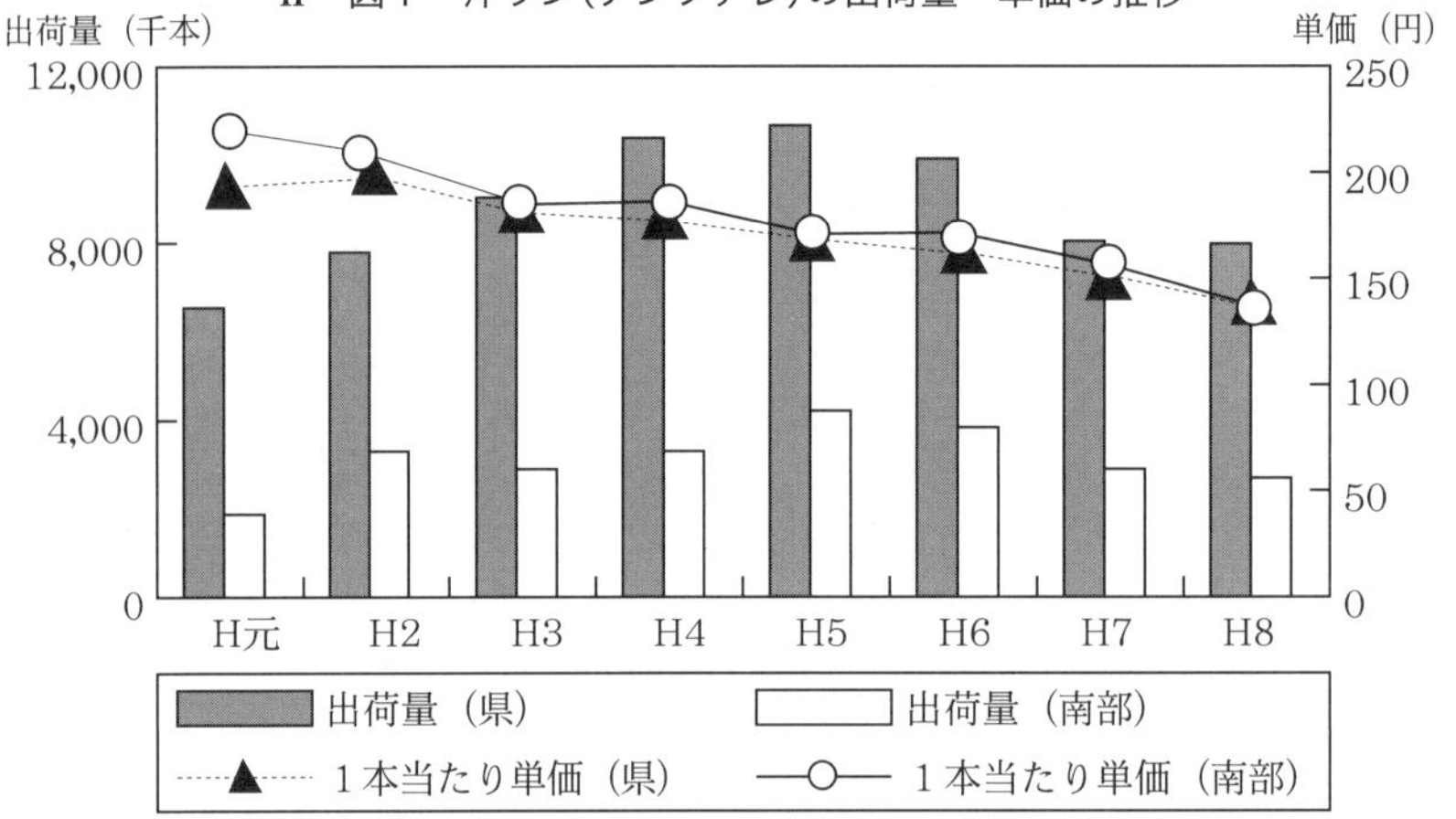

Ⅱ－表５　洋ラン(デンファレ)の生産ベストセブン（市町村別）

単位：ha、百万円

項目／市町村	平成元年			平成４年			平成７年			平成８年		
	栽培面積	出荷額	1 ha当たり出荷額	栽培面積	出荷額	1 ha当たり出荷額	栽培面積	出荷額	1 ha当たり出荷額	栽培面積	出荷額	1 ha当たり出荷額
県全体	43	1,242	29	63	1,818	29	55	1,194	22	52	1,087	21
名護市	11	292	27	16	332	21	10	161	16	8	133	17
糸満市	4.9	162	34	5	222	42	6	180	30	6	103	17
本部町	2	84	42	4	167	39	3	97	32	3	74	25
具志川市	2	84	42	4	156	40	4	113	28	4	130	33
具志頭村	0.6	17	28	2	109	45	1	34	34	1	24	24
石垣市	1.5	36	24	4	102	23	3	87	29	3	98	33
豊見城村	2.5	50	20	4	50	14	4	85	21	4	65	16

資料：沖縄県の園芸・流通

（１）「生産量が少ない」

「生産が少ない」要因として「面積あたりの生産量が少ない」と答えているのが二一名と最も多く全体の七七パーセントに当たり、次いで「商品化率が悪い」「労働力が少ない」の順に回答が得られました。「面積あたりの生産量が少ない」問題点としては、「栽培管理技術」に十三名、次いで「株の栽培年数がたっている」が七名、「栽培密度が多い」が六名となっています。

そのほか「商品化率が悪い」に対しては二〇名が回答し、その問題点として

「高温障害がある」が八名、次いで「ウイルス病」「栽培管理」にそれぞれ七名の回答が得られました。

（2）「単価が安い」

この要因としては「品質が悪い」「需要が少ない」「出荷時期が悪い」「市場の選定が悪い」の中から、「品質が悪い」が最も多く、その問題としては「栽培技術が悪い」「知識が不足している」「作業性が悪い」「栽培環境が悪い」の順で回答が得られました。特に「栽培技術が悪い」理由としては「病株が整理されていない」「防除を適期に行っていない」「育苗管理が不十分」の順でチェックされ、「知識が不足している」に対しては「研究不足」が指摘されてます。

■第二のチェック項目「経営費が高い」

この項目については、生産資材、販売費、減価償却費、支払い利息、労賃の点からそれぞれチェックリストをもうけ調査しました。

（1）「生産資材費が高い」では二四名が回答し、その理由としては「種苗費が高い」が最も多く、次いで「諸材料費が高い」「肥料、農薬費が高い」「修繕費が高い」の順でした。

（2）「販売費が高い」に対しては二二名が答え、その理由としては「出荷資材費が高い」「運賃単価が高い」「諸手数料が高い」の順に回答が得られました。

（3）「減価償却費が高い」の問いでは十八名が答え、その問題点として「維持管理が悪い」「利用効率が悪い」「規模、装備が課題」の順に挙がっています。

（４）「支払い利息が高い」の問いには十九名が答え、「借入金が多い」事がその主な理由でした。
（５）「労賃が多くかかる」では約半数の十四名が答え、「労働時間が多い」事が第一の理由でした。

三　今後の改善点

①面積当たりの生産量が少ないのは「採花本数が少ない」「高品化率が悪い」などが原因であり、そのためには、採花本数が多い品種の導入や花弁、花蕾の落下の少ない品種の導入を図るべきである。
②「栽培技術が悪い」「栽培環境が悪い」とは、まだ十分たる栽培技術の習得が出来ていないため、今後栽培講習会、現地検討会等に多く参加し、栽培技術の習得に努める必要がある。例えば夏場の高温乾燥時や冬場の低温期における徹底したハウス開閉時の管理が必要です。
③生産資材のコスト軽減への努力が必要である。植え込み材料等の削減、肥料・農薬の適期、適正量、適期防除、効率的な防除法の確立において緊急を要します。
④販売経費、出荷資材費が高い事や運賃単価が高い事に対しては、今後「どのように関係機関につないでいくか」適切な処置が必要です。
⑤制度資金、系統資金をうまく利用する中で、経営管理能力をいかに向上させていくかも改善点の一つとして挙げられます。

（一九九八年十一月記）

八　ゴーヤー（ニガウリ）の話――庶民の保健野菜

ニガウリは、東インドまたは熱帯アジアの原産でウリ科の一年性草本です。中国には明の時代に南方から入り、日本へは徳川時代の慶長年間（一五九六〜一六一五年）すでに渡来していました。実際に渡来した時期は明らかではありませんが、中国経由で導入されたとも言われています。野菜として栽培するのはアジアだけで、欧米では観賞用としてのみ作られます。中国大陸では、野生化したような形態で全国的にみられますが、広東、広西、台湾などの限られた地域で栽培が盛んです。

ニガウリは雌雄同株、茎は細かく、掌状に切れ込んだ浅緑の軟らかい葉をつけ、巻きひげで支柱などに巻き付きます。夏の頃黄色い花が咲きます。東南アジアでは、若い芽を食用に供します。果実は長楕円形で両端がとがり、瘤状の突起におおわれています。長さは一〇〜二〇センチ程度のものと五〇〜六〇センチにもおよぶものがあります。果色は、緑色ないし黄白色だが、熟すと橙色をおびて果皮が裂け、赤い肉に包まれた種子が現われます。

ニガウリは熱帯産なので、気温が高くならないと着果しません。また主蔓よりも子蔓や孫蔓の着果する事が多い。耐暑性はもとより、乾燥にも強い。また病害虫も殆んどなく、栽培が容易です。

沖縄では、ニガウリの事をゴーヤーといい、代表的な夏野菜です。ビタミンCが豊富で、精のつく食べ物として夏バテ予防に昔から重宝されてきました。ゴーヤーチャンプルーは沖縄の代表的な惣菜です。チャンプルーとは、豆腐と野菜の炒め物で、豆腐の蛋白質と野菜のビタミンCの組合せであり、沖縄の食生活が生み出した生活の知恵であります。沖縄のチャンプルーは家庭におなじみの惣菜で、夏場は三日とあけずに食卓を飾ります。手軽で安価な沖縄の味であり、観光客の舌にもすっかり馴染んだ地方料理と言えるでしょう。

ゴーヤーチャンプルーの作り方は、ゴーヤーを縦二つ割りにして種子をのぞいて、薄切りして、塩を軽くまぶし、しんなりしたら水気を切ります。鍋に油を入れて熱し、水気をふいた豆腐を手でちぎって炒め、そこへゴーヤーを加えて、豆腐が崩れないようにかきまぜ、塩で調味します。ゴーヤーの料理法は他に和え物やゴーヤージュース等があります。沖縄では最近、ゴーヤーのハウス栽培が盛んで年中出回っています。夏野菜の代表ゴーヤーが販売用として早熟栽培されたり、ビニールハウスを利用して、半促成、促成栽培されています。

（二〇〇〇年七月記）

九　ナーベーラ（ヘチマ）の話――夏場の補給野菜

ヘチマは熱帯アジアの原産で、慶長年間に中国から渡来したとされています。中国で初めてヘチマの事が記録に表れたのは元の時代に表された『救荒本草』だと言われています。ヘチマ水は、微量の蛋白質や糖分、ペクチンのような含水炭素が含まれているにすぎず、薬効にかかわりがありそうな成分は認められていません。今後、どんな微量物質が発見され、薬効が確認されるか保証のかぎりではありませんが、昔から美人水と称して女性に珍重されてきました。化粧水としての魅力は今もなお失われていません。

ヘチマはウリ科に属する一年生の蔓性植物です。雌雄異花、いずれも黄色い五弁花で漢字で糸瓜と書きます。現在は日本の特産的な作物です。形状によってダルマと長ヘチマの二種類があります。ダルマは長さ四五センチ内外、繊維は緻密で品質がよいとされています。長ヘチマの方は一メートル余りにもなります。繊維がやや粗いのが特徴です。果実に一〇本の稜があるものをトカベヘチマといい、ヘチマとは同属別種で、若い実は食用になります。ヘチマの種子には四〇パーセントぐらいの油が含まれ、ナタネ油の代用に使われています。

わが国でヘチマを食べるのは沖縄県と鹿児島県で、この地域では夏の重要な補給野菜です。食べ方は、もぎたてをさっとゆでて、酢味噌で食べます。独特の風味と甘味が酢味噌とマッチして、涼味すら感じられます。また豆腐といっしょに油で炒め味噌と醤油で調味すると、ヘチマの甘味が手伝って、ほのぼのとした味覚になるから不思議なものです。

日本における品種は、次のものがあります。

①ダルマ　これは静岡県で輸出用（ヘチマ皮として）として栽培され、長さ四五センチ内外のものです。

②鶴首　首の所が細長く、長形で繊維はあらい。鹿児島県では、食用として、長さ四〇センチ内外のものが古くから栽培されています。

③長ヘチマ　別名九尺ヘチマともいい、中国種で一～二メートルにもなります。沖縄県における品種はそ菜用で長形（細長）種と短円筒形などであるが、これらの雑種も多く見られます。

ヘチマは、生育期間中、高温多湿であるほうがよいとされ、土壌条件は、排水良好で多少水湿のある壌土か植壌土です。生育適温等は明らかにされていませんが、ニガウリと同様の温度条件と考えてさしつかえないと思われます。すなわち発芽適温が二八～三〇度、生育適温二〇～三〇度内外です。

（二〇〇〇年七月記）

十　オクラの話　あれこれ――これからの野菜

オクラは北アメリカの原産で、綿と同じアオイ科に属し、和名をアメリカネリと呼び、若いサヤを食用にします。古い野菜で二〇〇〇年前の古代にエジプトで栽培されていた事が記録されています。アメリカでは十九世紀の初めから多く栽培され、アジアではインドをはじめ亜熱帯地域での重要野菜となっています。

日本では明治五年頃導入されましたが、本格的に栽培されたのは大正後半で、もっぱら家庭の自給としての利用が主体でした。昭和三二年には東京中央市場の市場年報に四三九九キロの入荷があり、オクラとして量的に初めて姿を見せ、四年後には五倍になっていますが、大衆野菜として普及してきたのは昭和四〇年代のことです。

オクラは熱帯では多年草となり、草丈は六メートルにも達するが、わが国では五〇センチ～二メートルくらいになり、霜にあうと枯死する一年生作物です。葉は三～五の切込みがあるヤツデの葉に似た掌状で品種によって、切込みの数が異なり、その幅に差があります。花の色は黄ですが、中心が紅色に染まった清楚な感じのする花もあり、観賞用にもなります。雄しべ、雌しべを同じ花にもっており、四～五節より各葉のえきに花を付けます。サヤ果は節なり状に成るが、若いサヤはいろいろ料理で食用にし、成熟したタネはコーヒーの代用に、またサヤを数個つけて乾燥させたものを生花の材料に利用します。

ペクチン、カラクタン、アウパンなどが混合したオクラの粘液物は、独特の風味があって好まれています。蛋白質を二・五パーセントと多く含み、ビタミンA・Bとも多い方です。料理方法も和風、洋風と数多く研究され、紹介されています。

オクラの品種は、国内の種苗会社の育成種、外国からの輸入種、それに以前外国から輸入され各地でわずかずつ栽培し自家採種が続けられ、その地域の在来種として残っているものなどを含め、約三〇品種あると思われます。各品種の特性を大別すると、サヤの長短、稜角のあるものと丸形のもの、またサヤの色が濃緑なものと淡いものと紅紫色のもの、収穫期の早晩、また葉の形によっても区別することができます。

現在沖縄県で栽培されている品種は、県内向けでさやが長くて丸く色が淡いものと、県外出荷用の五～八角でサヤがわりあい短く色が濃緑なものがあります。

東京市場における生産県別の占有率は、昭和五五年には高知県が六九パーセント、次いで沖縄県が二三・六パーセント。埼玉県、千葉県、鹿児島県と続いていました。

沖縄県における産地は、県外向けは、南城市（旧佐敷町、旧玉城村、旧知念村）、石垣市、八重瀬町（旧東風平町）で、県内向けの産地は旧東風平町、豊見城市、うるま市（旧具志川市）などです。県の拠点産地にはうるま市、石垣市、南城市が認定されています。

近年、オクラの生産量、消費量は増加の途をたどっています。これは食生活の多様化と消費拡大の宣伝によるところが大きいようです。また高温作物であるため、冬期は施設で加温されて栽培されています。

そのため暖房経費の少ない西南暖地が有利な条件を備えています。これから大いに普及、栽培されていくものと考えられます。

（二〇〇八年十月記）

オクラの花

防風林(垣)等を利用したオオタニワタリの栽培(石垣市)

ハイビスカスの防風林(石垣市)

ドラセナ類　生育が早く、整枝しやすい
(石垣市)

Ⅲ

土の章

デンファレの入選作

一　農業経営の記録、活用を

東風平村の自立経営農家や志向農家の経営形態は、那覇に近い北部を中心とした野菜単一経営と東・南部のさとうきびと養豚、肉用牛の経営からなっている。

今後は、松尾原地区のＰ・Ｐ事業と県営畑地帯総合土地改良事業、県営、団体営の農道、ほ場、排水設備事業などにより生産基盤と近代化施設の導入事業が行われる予定である。これらの土地、施設、機械の効率的な共同利用を行うためには、中核的農業者を中心として生産組織を結成し、営農計画を十分検討し、組織的な取り組みが必要である。

また野菜生産農家は販売場所を確保するために午前二、三時ごろから経済連相対市場に出かけている。そのため主婦は、朝早くからの販売活動のため労働加重を強いられている。今までに五〜六品目のみ、古波蔵の地方卸売市場に農協を通じて出荷している。これらの農家が出荷、販売に要する時間を生産、経営技術の改善に向けられるように、いろいろ困難な条件があるが、農協と農家が密接した形で共同出荷、計画的生産出荷ができるように、野菜生産の集団化、組織化を図らねばならないだろう。

最後に農家各自が自己の栽培方法をふりかえり、作業を省力化できないか、コストを安くできないか、検討してほしい。それらの資料として、農業経営の記録を残し、これを参考に十分活用できるよう希望する。そうすることによって、経営内容を反省し、経営計画が確立できるものと思う。

（一九七五年七月二〇日　沖縄タイムス）

二　農業経営の記録を習慣づけよう

復帰後の県農業は野菜・花き等の端境期をねらった県外出荷が大幅に増え、明るい展望がひらけつつあります。しかし、気候、立地等の自然的、地理的な条件の有利性だけに甘んじているわけにはいかないだろうと思います。

農業技術はおおまかに分けて、作目栽培の生産技術的な面と経営、経済的な技術の二つがあります。

本県は、復帰前の沖縄だけの経済圏の中での考え方から、日本全国一円にした経済圏に組み込まれ、亜熱帯農業の特性（有利性）を最大限に発揮しなければならない重要な試練の時期になってきていると考えます。例えば、復帰前の農作物（特に野菜）は作れば売れるという状態があっただろうと思います。しかし、復帰後は、規格別に選別調整し、さらにくん蒸までして、出荷しなければなりません。県内だけの市場圏という考え方から、広い市場圏での競争（出荷）となると、より品質の良いものを多量に作らなければならないようです。それには高度な技術を駆使するとともに、正確、迅速な情報を収集し、同時に経営感覚（意識）、経営者能力を十分に活用、培わなければいけないだろうと思います。そのためには、まず自分の農業経営の実態を正確に把握する事が何よりも大切です。

経営の実態をつかむには経営の記録、分析が必要であり、それを基にして、経営計画（目標）を確立する事が肝心です。

現在、ノート等を利用して、一日一日の経営全体の販売金額や播種月日などを記録している農家も多いようです。これらの記録は、毎日毎日の農作業、販売金額、使用した資材代金などを根気強く、約束事にそって記録する事によって、一か月、一年間の経営全体の動きと内容をつかみ、分析して、翌年の経営改善へ結びつける事ができるのです。また一年間分を集計する事によって、月別、年別、農家別の比較をする事もでき、目標樹立にも役立ちます。

農業日誌（簿記）で重要なのは、以下の三つの条件を満たしている事です。

①　先にも述べたように、約束に基づいて正確に記録する事。

②　記録されたものを数字で表す（計る）事。

③　定められた形式（様式）にはめて比較、分析できる事。

ただ記録する事だけでなく、上の三つの条件を満たした様式（一日記録）に基づいて、記録する事によって、はじめて記録の効果が出てくるわけです。

Ⅲ－図1・2、Ⅲ－表1は三農家が記録を整理したものです。

図1は二農家の作業日誌に基づいた労働時間の動きです。A農家は果菜類中心の経営で、B農家は葉菜類中心の経営です。

図2はB農家の労働時間を主要二品目に分けて調べてみたものです。県外出荷用のサヤインゲンを中心に志向するのであれば、二～四月の労働時間が多くなっていくだろうと考えられます。

Ⅲ－図１　月別の労働時間の動き

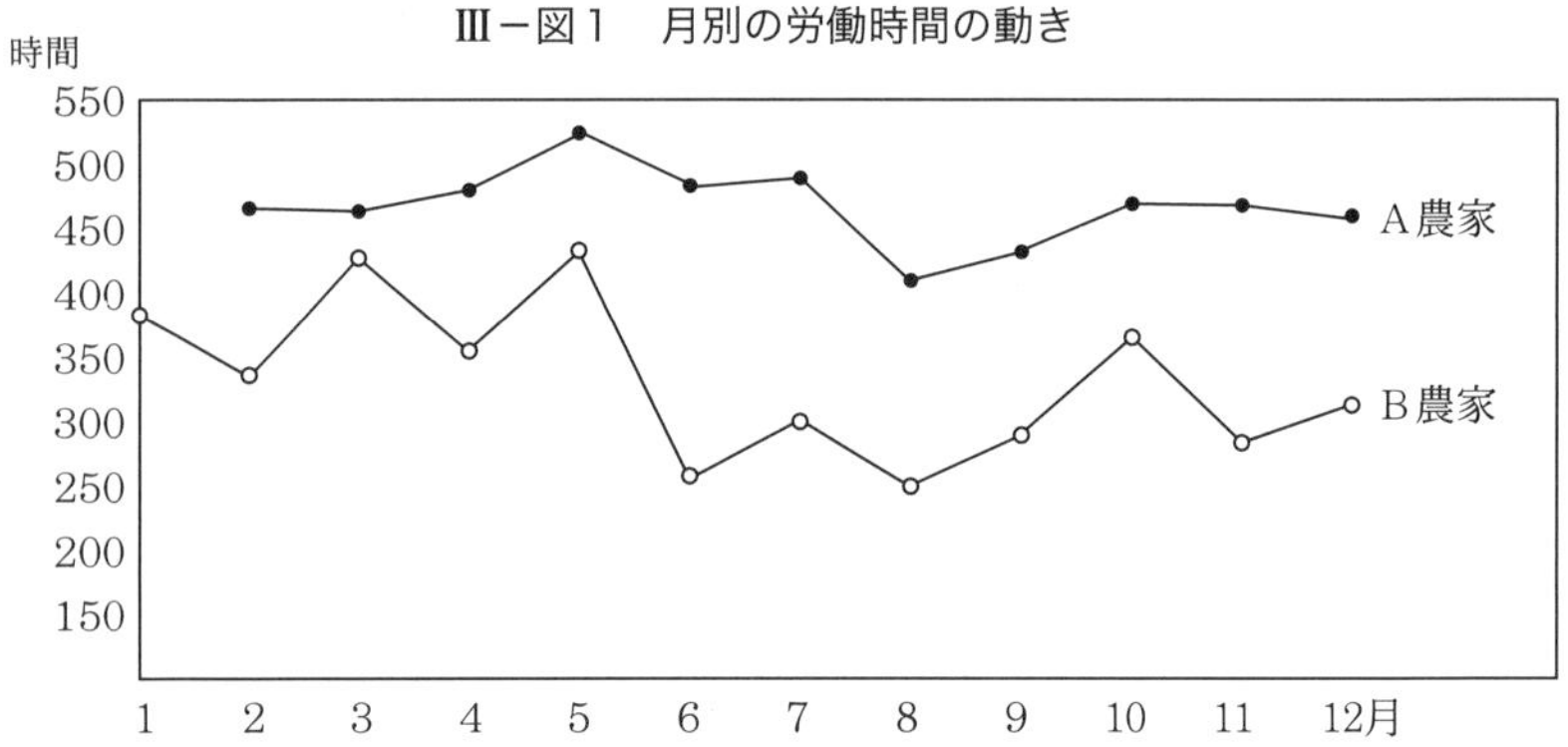

Ⅲ－図２　主要品目の労働配分（能力換算）

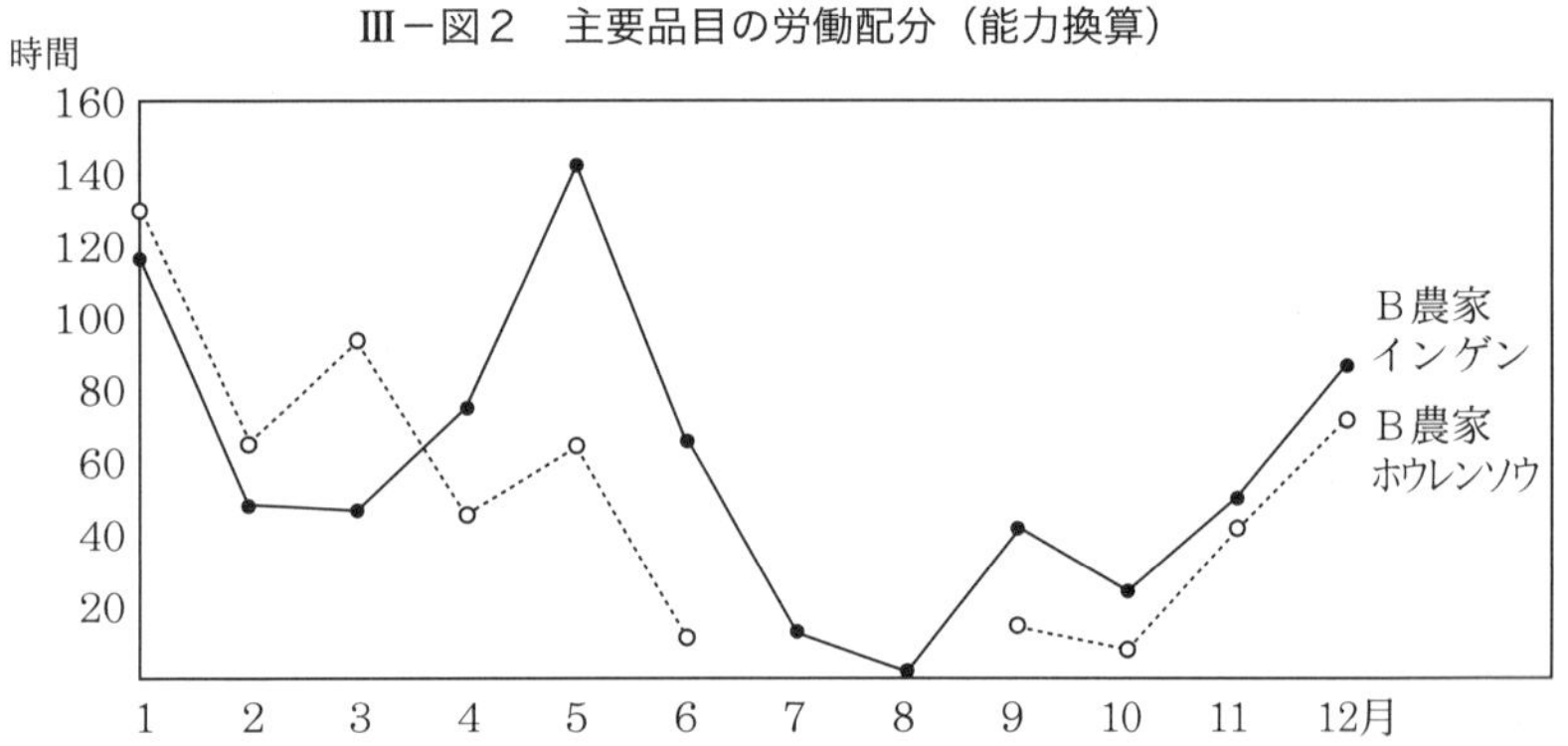

Ⅲ－表１はC農家の日誌等から抜き出し、整理した品目別の技術体系です。月別の作業体系が一目瞭然です。

ここ数年、若い就農者が増加の傾向もあり、各地で経営（簿記）関係の講習会が開かれています。また農業改良資金の中の後継者育成資金の借受者は、記録が義務付けられています。では、実際に記録する時の注意点を述べてみたいと思います。

①記録は正確に約束事に従ってやることが重要です。

②家族の絶対的な協力を得る事、担当を決めてやるのもよい方法です（販売担当、資材購入、作業等）。

Ⅲ－表１　作目別技術体系（Ｃ農家）

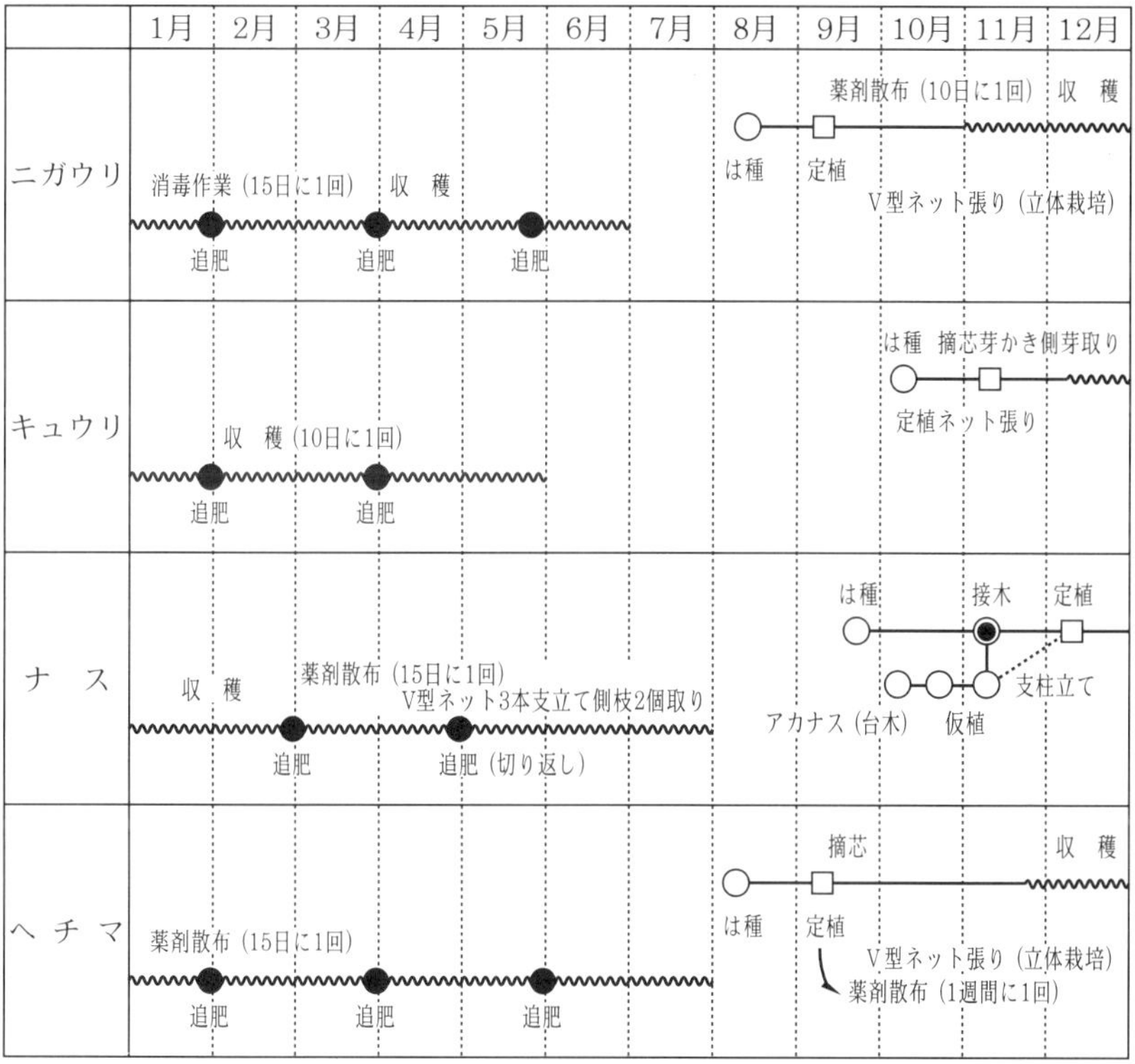

③一年間の記録を終えたら、項目ごとに集計して、収入、支出の比較をやり、各項目（種目）の反省を行い、次の年に向けての計画、資料にして、一目で分かるように整理しておく事が必要です。

農業所得の向上とより安定した農業経営を営み、農業経営改善のための鏡ともいわれる農業日誌（簿記）をあなたも記録してみてはいかがでしょうか。

（一九八三年一月記）

三　農業経営改善の目標と指標――（花き農家の例）

ここ数年、園芸作目の県外出荷の伸びは著しく、特に花き類のそれは大きくなっています。今回は、農業経営の改善目標と改善指標、基本的な用語の説明をします。

まず、農業経営の改善目標とはどのようなものでしょうか。農業経営者は経営管理を行うに際して経営の目標の明確化という事から始まります。ここでいう目標と言うのは、もっとも望ましいと考えられる状態を言います。一般的な目標として、「農業生活によって、健全な生活をするための持続的、安定的かつ最高の収益を上げる事」であります。

農業経営改善の指標の分類として次の事があげられます。

①　経営規模
②　経営成果
③　能率
④　集約度
⑤　部門編成

Ⅲ－表２　沖縄県における電照ギク主要型の収益性（昭和56年7月～57年6月）

		年末出荷	1～2月出荷	3～4月出荷	備考
作型		年末出荷	1～2月出荷	3～4月出荷	備考
品種		大平	大平	大平	大菊（赤）
A 粗収益	単価	71円	60円	69円	市場セリ単価
	数量	34,200本	38,850本	39,000本	
	計	2,428千円	2,331千円	2,695千円	
B 経営費	種苗	140,000円	140,000円	140,000円	
	肥料	59,500	87,948	78,800	
	農薬	28,558	32,614	34,137	
	光熱費	74,300	16,105	97,900	
	建物大農具修理	9,300	63,120	37,500	車検料も含む
	諸材料	90,000	41,000	41,000	
	賃金料金	－	－	－	
	建物構築物	41,343	8,520	17,600	
	施設	82,875	12,184	41,150	
	大農具	127,462	194,058	158,825	
	雇用労賃	157,500	135,000	540,000	
	その他の共通費の負債	9,400	3,500	25,000	小道具、被服、水利含む
	販売経費	809,225	854,758	917,950	
	その他	52,000	15,156	27,500	部会費、車税、その他
	計	1,681千円	1,607千円	2,157千円	
C ①農業所得		747千円	724千円	538千円	C＝A－B
②所得率		30％	31％	19.9％	①÷A×100
③所要労働時間		1,226時間	1,245時間	1,499時間	

⑥農家経営の加工

現在、沖縄で栽培されている電照ギクの収益性は、Ⅲ－表2の通りです。

表の基本的な用語について説明します。

A　粗　収　益－売り上げ金額及び家計仕向け金額の事ですが、単価に出荷量及び家計仕向け量をかけた金額になります。

B　経　営　費－農業粗収益を得るために要した全ての費用の事であるが、経営体外より供給されたもの、労働に対し支払いされます。

経営費を分類すると物財費（種苗、肥料、農薬）光熱費、建物及び農具修理費、諸材料費、賃料費、販売費、雇用労働、減価償却費、農業の租税公課費（部会費、車税等）借入資本利子になります。

C　農業所得－A（農業粗収益）からB農業経営費を差し引いた金額で、農業生産活動の結果として得られる報酬です。その内容は自家労働に対する報酬、自己資本利子、自作地地代からなっています。

農業所得は他の経営体及び前年のそれと比較して能率的であったかどうか、改善が図られたかどうかを判断する指標になります。

（一九八三年十月記）

四　目標の明確化と経営者の能力向上を

本土復帰して十一年、野菜や花きの県外出荷品目がやや落ち着きつつあるこの頃です。これからの農業経営をどう改善発達させ、産地をどのようにして築いていくのかが、いまからの大きな課題だろうと思います。

農業経営の改善目標には農業生産とその生産物の販売によって、持続的、かつ最高の収益を獲得し、健全な生活をする事であります。農業経営を営むと言う事は経営者の経済、技術活動であります。

農業経営管理の基本的な問題は経営者能力（機能）の向上にあります。

経営者能力とは、経営者の意思決定の事であり、意思決定するまでは経営者の資質、経験、知識、技術などの総合された力が機能、発揮されなければなりません。また、経営者能力は技術的能力と経済的能力からなっています。技術的能力は作物の栽培、家畜の飼養技術を経営で総合的に組み立てて体系化し、経営的な評価を下す能力をいいます。経済的能力は、経営全体の経済的活動に関する能力の事で、資金の調達、運用、販売についての経済活動能力をいいます。

経営改善のための手順は、自分でやるか、第三者に頼むにしても、経営改善を進めるためには、①経営

Ⅲ－表３　経営総括診断指標

(ア) 経営規模、経営部門の組織化を表す指標 ①経営面積 ②農業労働力規模 ③農業資本投下額 ④作付延面積 ⑤家畜単位数 ⑥土地利用率 (イ) 経営成果を表す指標 ①農業粗収益 ②農業所得 ③１戸当り家族労働報酬 ④１人当り家族労働報酬 (ウ) 経営能率度を表す指標 ①耕地利用率 ②家族労働１人当り耕地面積 ③農業労働１日当り耕地面積 ④耕地10アール当り農業所得 ⑤家族労働１日当り農業所得 ⑥資本装備度（率）	(エ) 経営集約度を表す指標 ①10アール当り農業労働時間 ②10アール当り農業固定資本投下額 ③10アール当り費用額 (オ) 部門編成を表す指標 ①部門粗収入比率 ②商品化率 ③農業粗収益の貨幣化率 ④地目構成割合 ⑤作目別、旬別農業労働配分 (カ) 農家経済を表す指標 ①農業依存度 ②農業所得による家計費充足率 ③農業所得率 ④世帯員１人当り可処分所得 ⑤エンゲル係数

の実態を明らかにしなければなりません。これまでの経営活動（少なくとも一年間以上）の実態を明らかにする。（簿記日誌より）②実態の分析結果から将来を見通し、改善すべき目標を樹立する事になります。（分析指標を計測比較する）③には改善すべき目標をどうしたら実現できるか。実現するには、何が問題点なのかを明らかにしなければなりません。（営農改善点の整理と対策）以上の①～③までが経営改善の手順という事になります。

それでは経営改善の手順の中で診断項目にどういう指標があるでしょうか。一般的にⅢ－表３のような項目があります。診断指標の経営総括診断指標の意味するところを区分して説明します。

(ア)　経営規模を表す指標　経営規模とは経営に投入下されている労働、資本と言った生産に用する要素の総量を示すもので、経営者はこれらの要素を上手に利用しながら、高い生産性とより高い収益を実現しようとするものです。

(イ)　経営成果を表す指標　一年間の経営活動の結果、生産物が出荷販売されて、貨幣化された結果を示すものです。

(ウ)　経営能率を表す指標　能率を表す指標としては生産、労働、資本の三部門からみる事ができます。

(エ)　経営集約度を表す指標　経営において、消費された労働、資本財を単位土地面積あたりで示したものであります。同じ耕地に多くの生産手段、または経営費、労働費を投入する事によって、多くの生産量ないし粗収益を上げる状態をいいます。

(オ)　部門編成を表す指標　経営組織の実態を把握するための着眼点となります。他の指標と組み合わせて吟味する事が大切です。

(カ)　農家経済を表す指標　農業依存度、農業所得率、一人当たり可処分所得といった農家経営の実態をみる指標であり、経営活動の最終的な総まとめにあたるものです。

（一九八三年十二月記）

五　営農設計の考え方と手順

「一年の計は元旦にあり」と言われていますが、今年のあなたの営農計画（経営計画）は立てられたでしょうか。営農設計（経営計画）は農家が将来の「我が家の農業経営の望ましい成長した姿」を目指すとともに、その方法と手順を明らかにするものです。

営農設計は農業経営に成果をもたらす経営改善計画であり、これまでの農業経営で学んだいろいろな知識や体験をもとにして作成します。一般的な手順は次のとおりです。

①　自家経営の現況を分析する。
②　農業経営の所得目標を決める。
③　経営上の問題を明らかにし、その改善対策を見い出す。
④　設計を具体化するために必要な各種の資料を集める。
⑤　①～④のデータを基に改善案を幾つか作る。
⑥　改善案の中から最善のものを選択する。

営農設計に必要な資料をあげるとⅢ－表４のようになります。以上の資料を用いて、その範囲の中で営

Ⅲ－表４　営農設計に必要な資料

（ア）農畜産物の販売予想価格
（イ）農業用生産資材の購入予想価格
（ウ）主な作目の経営、生産の指標
（エ）建物、施設、機械、器具の導入規模と資金の必要量
（オ）経営に活用できる土地、資本、労働力の量と外部調達の条件

Ⅲ－表５　営農設計（経営改善計画）の主な項目

（A）作目の生産計画（作目別面積）
（B）土地利用計画（輪作計画）（１筆ごと）
（C）家畜飼養給与計画（自給、購入）
（D）労働力調達及び作目別利用計画（自家、雇用）
（E）主要作目栽培管理計画
（F）資金調達、利用償還計画
（G）建物、施設機械の導入、利用、更新計画
（H）農畜産物の販売出荷計画
（I）経営収支計画
施肥、病害虫防除、飼料自給等

農設計を作成します。

農業所得を高めるために経営者が選択する経営改善の方向は次の通りです。

A　収益性の高い有利な作目の規模拡大を図る事。土地、資本、労働力に余裕があるか、調達の条件と可能性を検討する。

B　生産量の拡大を図るには規模拡大と合わせて、単位あたり生産量の増大によってm^2生産量を高める。

C　販売単価の上昇を図る。品質向上、販売方法、出荷時期、出荷先等を検討して単価を引き上げる。

D　経営費の節減を図る。経営費の各費目を検討し、生産コストを引きさげる。

E　投資の適正と省力化を図る。建物、機会等の利用状況、単位あたり労働時間、機械利用時間、一日当たり家族労働所得、月別労働時間、省力化された労働の活用等を検討する。

以上の方向を踏まえて改善案を作成するが、その設計すべき項目はⅢ－表5の通りです。

営農設計の内容は、一定の条件のもとで何を（作目）どれだけ（規模、面積）どのようにして、（技術体系）作るか、そのためにどういう生産手段を調達、利用するか、出来たものをどのように処分（販売）し、望ましい利益を上げるかが、明らかであればよい事になります。

あなたもさっそく、営農設計を作ってみてはいかがでしょうか。

（一九八四年一月記）

六　農業経営改善の視点

今年の日本列島は三十数年ぶりの厳しい冷え込みによって、県内農業にも大きな影響が出ています。県外出荷の野菜、花きは異常な高値が続いています。

農業経営は自然に大きく左右されますので、経営改善のための課題解決あるいは目標到達には年ごとの価格変動に一喜一憂せず、三～五年の単位でみていきたいものです。

農業経営改善の基本はナークーテン（もう少し）所得を上げるため、何をすればよいだろうかという事だろうと思います。

具体的には、①農業所得の目標をどれくらいに置くか、②生活内容を豊かにする目標をどこにおくか、です。

①は、農業だけで豊かな生活が出来て、しかも所得が毎年安定し、将来にわたって発展し、期待がもてる経営である事が望ましい。

②は、農業所得の現金収入増加のための商品生産のみでなく、自家用野菜や農産加工食品をつくる、また生活環境をより豊かにするために年間を通して草花を育てる事も、今後の農業経営の一つの目標でしょう。

次に個別経営における目標実現の課題には、どのようなものがあるでしょうか。
Ⅲ－図３は経営改善の課題と組織との関係を表したものです。
農業取得の向上、生産コストの引き下げを実現するには次の事が上げられます。

（１）単位あたりの粗収益増大
①栽培技術の高度化や土づくりにより、一〇アールあたりの収穫量の増加、家畜一頭当たりの生産量の増加を図る。
②販売単価を高めるため品質の向上を図る。品質の良い農産物は過剰下にあっても強い需要があり、高い価格で販売される。高価格の時期に合わせた出荷や、貯蔵による出荷時期の変化など販売方法を検討し、単価引き上げを図る。

（２）単位当たりの経営費節減
①農業生産資材の価格が上昇しているので、肥料、農薬、燃料、飼料等をいかに減らすか。
②機械、施設の有効利用、共同利用、農作業受委託などにより、減価償却費の減額を図る。

（３）規模拡大による所得の増加
①土地利用率の増大による規模拡大。
②集約的作物の規模拡大の場合は、省力化対策とあわせて、雇用依存の割合が高まってくるので、正常

Ⅲ－図３　個別経営における目標実現の課題と組織との関係

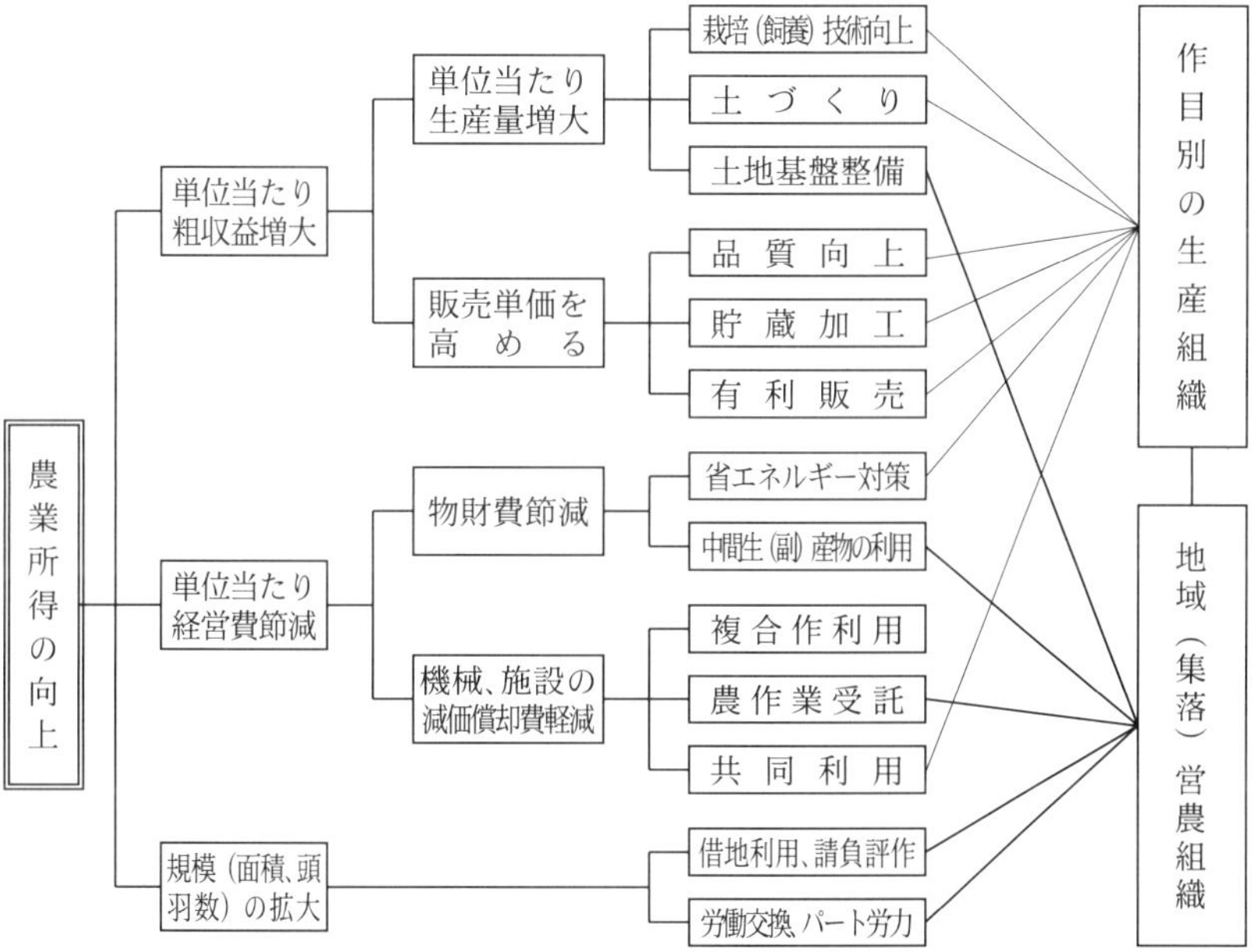

な労賃を支払っても、雇用労働の導入が有利となる場合は積極に活用し、経営の発展を図る。

今後、本格的なコスト競争に対処するには、地理的・経済的条件を活かし、地域にあった実行可能な課題を取り上げ、地域ぐるみで地道に農業所得の向上に務める事が重要な事で、より豊かな生活を実現する事になります。

（一九八四年三月記）

七　農家経済の特徴と仕組み――あなたの経営は黒字？　それとも赤字？

日本復帰して早十三年目になります。日本本土の経済圏に組み込まれ、特に県農業をとりまく環境は、生産基盤の整備および各種奨励補助事業が導入され、園芸作物が飛躍的に伸びてきました。南部地域でも園芸作目の伸びに伴い、近代的な施設が整備されつつあります。

ところで、あなたの経営では規模に見合った投資が行われているでしょうか。過剰投資になってはいないでしょうか。今一度、個々の農家経済の実態（すがた）を把握しておく事が肝心です。そしてそれを基に経営改善をすすめていく必要があります。

現代社会では、生産・売買・消費・貸借といった経済行為の組織を個別経済（経済単位）といい、最も代表的なものは、消費行為の組織である家庭経済（家計）と、生産・流通行為の組織である経営です。専業農家では、農業経営による収入で生活し、農業経営と生活が密接に結びついて一つの経済単位をなしています。Ⅲ－図４・５のように、経営の相当する部分と家計に相当する部分を合わせ持っています。これが、サラリーマン家庭や商工業などにはみられない農家経済の大きな特徴です。

農業経営内で生産された農畜産物の一部は自家内でそのまま消費されます（家計仕向け）が、大部分は

Ⅲ－図４　農家経済のしくみ

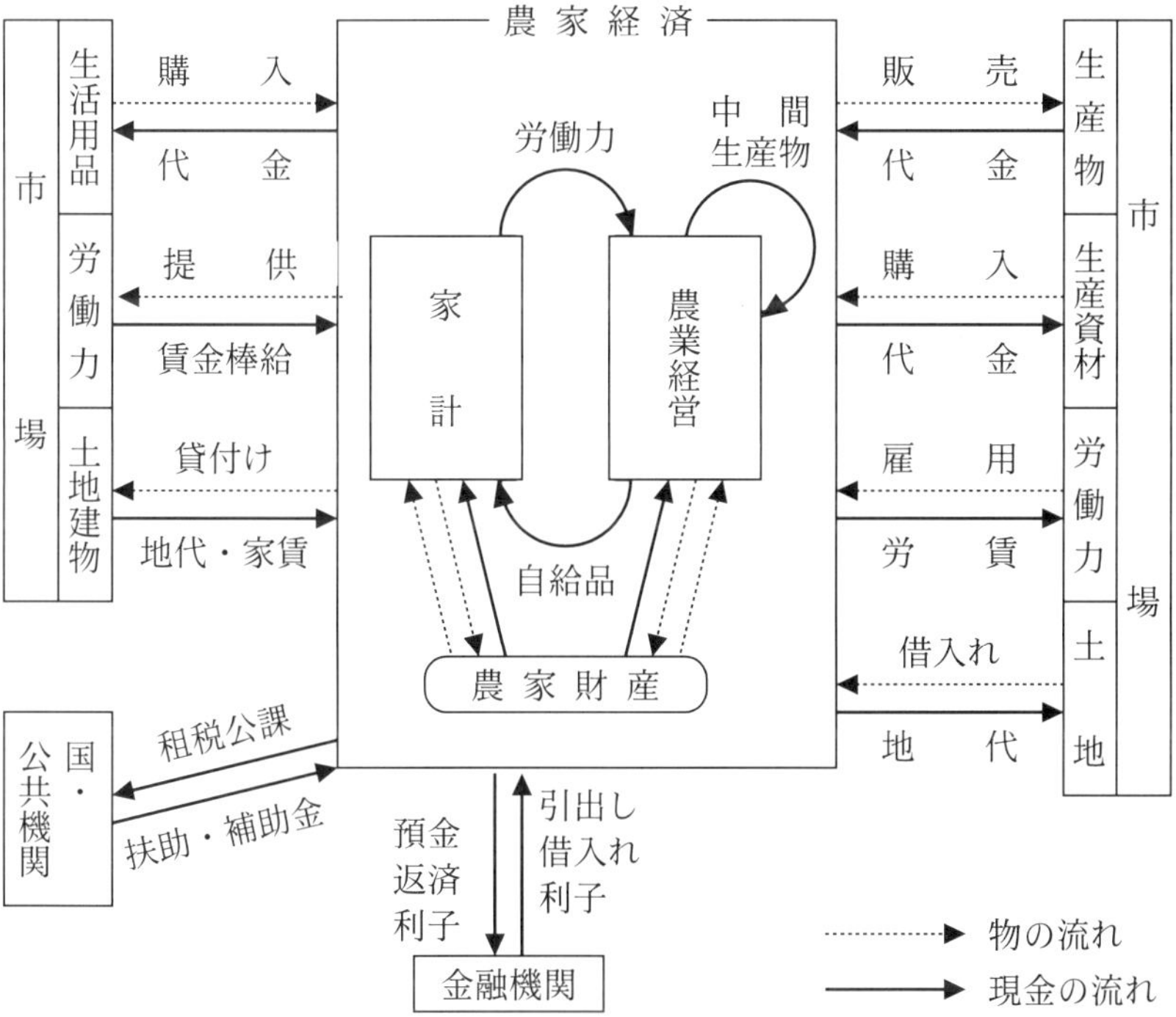

Ⅲ－図５　農家の収入と支出

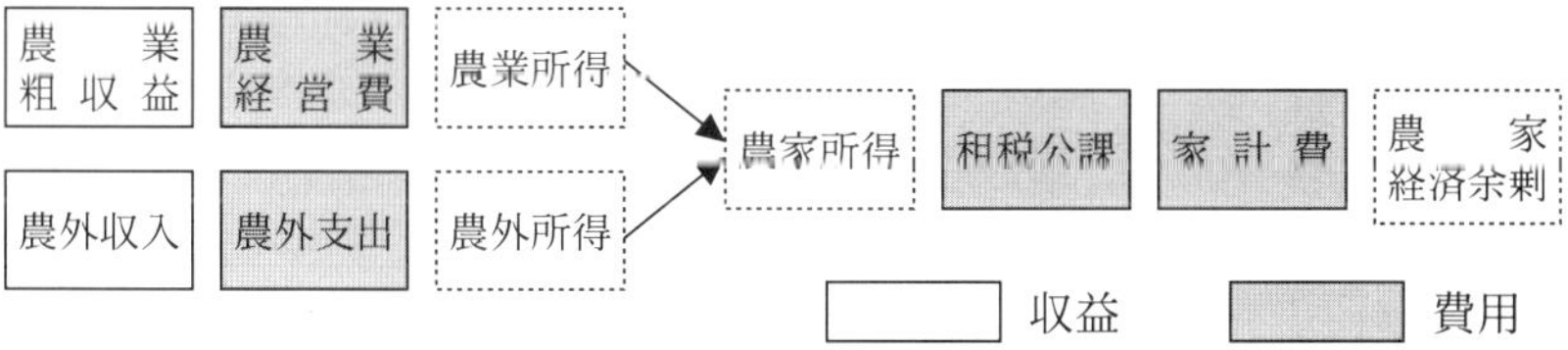

販売されて現金収入となります。この現金の一部は、再生産に必要な肥料や飼料・農業・種苗・農機具などの購入や雇用労働者への支払いにあてられ、また一部は家計にまわされて家族の生活を維持するために消費されます。あまりは資本として蓄えられて経営規模拡大のために投入されたり、家族のより豊かな生活のために使われます。

兼業農家は、農業収入以外からも多少の収入を得ています。商工業など自営事業の経営による収入、雇われて得る労賃、月給等の収入、小作料収入や賃金の利子収入などのように財産の利用による収入およびその他の収入があります。これらの農業外収入から、これらを得るために要した一切の農外支出を差し引いたものを農外所得といいます。

農家所得から租税公課を支払った残りが農家が自由に処分できる〈可処分所得〉であり、これから家計費を差し引いた残りが農家経済余剰です。農家経済余剰は、農家が一年間働いて生活を営んだ結果、どれだけの余剰、あるいは不足が出たか、いわゆる農家経済の黒字、赤字を示すものです。

さて、去年のあなたの農家経済はどうだったでしょうか。

（一九八四年六月記）

八　農業経営における家族労働の有効利用――農作業の記帳の習慣を

農業を営むうえで大切な事は、土地・資本・労働・情報ではないでしょうか。農業で利用（投入）される労働は主として家族の労働力であり、一年間に利用できる家族労働は各々の農家ではほぼ決まっています。したがって、有限の家族労働をもっとも有効に利用して一人一年当たりの生産価値を高め、しかも労働の能率を高めて一日当たりの生産価値を高くする事が経営上重要となります。

作物を相手とする農業では、季節によって忙しさに差がある事はまぬがれません。Ⅲ－図6のように、農繁期はイッペーイチュナシムン（とても忙しい）。農閑期となると働き手はいても仕事がなくてヒマ。あっても労働報酬のない仕事がほとんどです。さとうきび単作では、農繁期に激しく働いても、年間の労働日数は意外と少ないのです。このように労働日数が少なくては、一日当たりの労働報酬がよほど高くない限り農業所得は低く、忙しく働いたはずなのに収入は、チョビットという事になるのです。

そこで家族の労働力を一年間平均的に活用し、つまり家族労働力を完全燃焼させて、一人当たりの労働報酬をアップさせる事が必要になります。それには農繁期の労働ピークをくずし、農閑期の穴をうめて、年間労働をできるだけ平均化する事が大切です。その方法として、以下のようなものがあります。

Ⅲ－図６　月別の労働時間（10ａ当り）

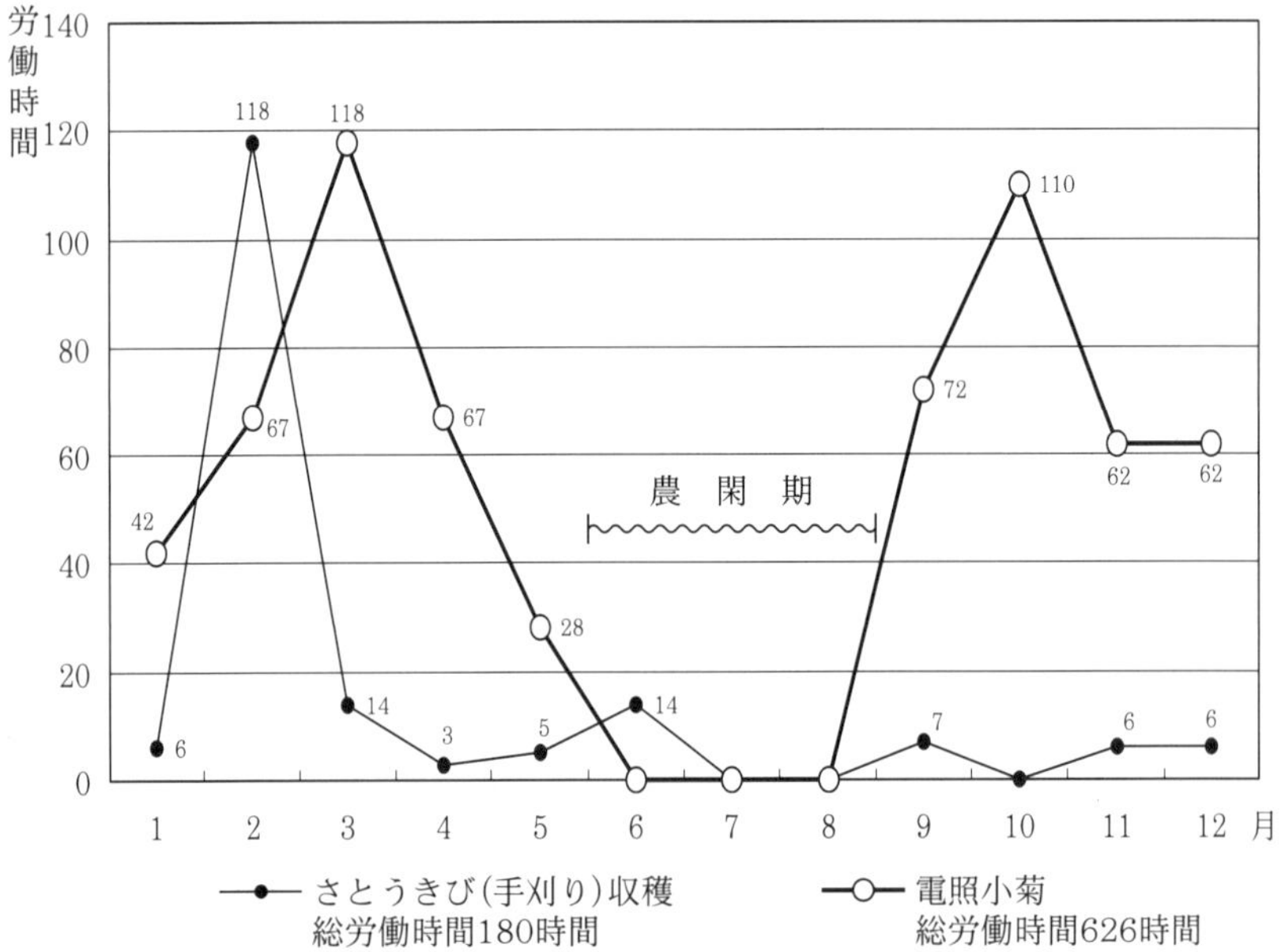

（1）農繁期の作業の省力化

基幹作物における作業では特に、機械化や労働能率を高める省力技術を取り入れて必要労働量を少なくする事で、農繁期の労働のピークをなくすことです。

（2）経営の複合化

作目（品目）や家畜の種類によって、作業の集中する時期と時期別の所用労働量が違うので、基幹作目と互いにかち合わない作目を組み合わせて労働配分の平均化をはかる。労働配分の平均化ではなく、経営全体としての平均化である。個々の作目や家畜で労働が平均化していても、他と組み合わせた結果、経営全体がアンバランスになっては意味がない。また労働配分の平均化の目標は生産が高くなるような家族労働の完全燃焼を図る事なので、組み合わせる作目はできるだけ一日当たり労働報酬の高いものを選ぶようにしたい。

さてあなたの家では家族の労働力を有効に活かしているでしょうか。

（一九八四年八月記）

九　家族労働配分の平均化を図ろう――農業所得の増大をめざして

労働配分平均化の方法として、前述では農繁期作業の省力化と経営の複合（作目の組み合わせ）をあげましたが、今回は（1）品種の組み合わせ、（2）作業の配分、（3）家族員間の作業分担について述べます。

（1）品種の組み合わせ
労働配分を平均するための作物の組み合わせには、早生、中生、晩生、その他品種の特性などを同時に考えなければなりません。

（2）農作業の配分
A　花き、野菜の定植のように適期が短期のもの。
B　耕起、整地、除草のように季節的には定まっているがある程度はくり上げ、くり下げできるもの。
C　家畜の飼養のように長期にわたって分散し、日々少量必要とするもの。
D　農産加工、堆肥づくりのように、季節に関係なくいつでもやれるもの。

Ⅲ－図７　カボチャ、ピーマン、電照輪ギクの月別労働時間数（10ａ当り）

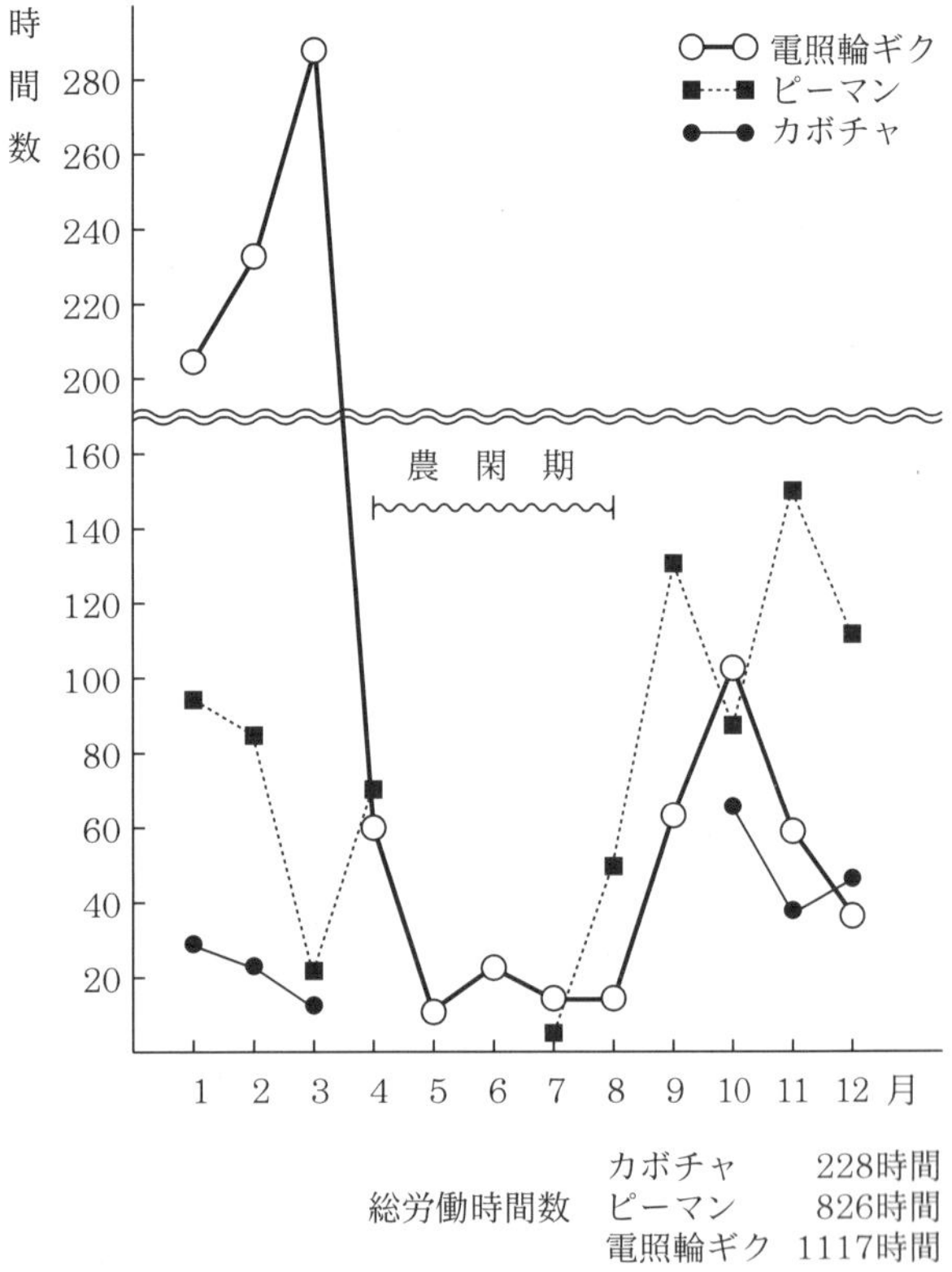

以上のような各種の作業の性質を考えて、適期作業が行えるよう配分する。

（３）家族員間の作業分担

家族労働は、年齢、性別、健康状態などにより、労働能力が違います。他方、農作業は種々雑多な仕事が少しずつあり、重労働もあれば、軽労働もあります。したがって、家族各人がその能力、特性に応じて適当とする作業量を分担すれば、家族全体として労働配分を合理化するのに役立ちます。たとえば、経営主夫婦はさとうきび作、長男夫婦は野菜というように、部門を分担して協力しあえば、それぞれの責任感も強まり、その技術にも習熟し、良い成果が得られるのです。

以上述べてきましたが、肝心な事は、経営の実態に応じ、また総合的に考えて、経営全体としての労働配分の平均化をはかり、家族労働力を有効利用する事です。この場合作物や家畜の種類、品種の組み合わ

Ⅲ－図８　労働配分を考えた品目の組み合わせ方事例

月	1	2	3	4	5	6	7	8	9	10	11	12
A農家	キク			アンスリウム		ストレリチア				アンスリウム		キク
B農家	ピーマン				キュウリ		ヘチマ				キュウリ	

せを考えるだけでなく、それぞれの作付け面積、飼養頭羽数、さらに栽培、飼育の方法をも同時に考える事です。なぜなら年間の各時期に必要な労働は作物、家畜の種類、品種だけでなく、その作付面積、栽培方法（飼養頭羽数、飼育方法）によって著しく異なるからです。ここで注意する事は、労働配分の平均化は機械的に労働のピークをくずしてならす事ではなく、家族労働を年間有効に利用して、農業所得を高める事が終極の目標です。したがって年間の農業所得が能率的に高まらなければ、意味がありません。

　これからの農業、内外の動向を考えた時、農業者は次のような能力、態度を身につける事が重要です。

①農業経営の計画能力
②記帳と分析の能力（農業簿記、日誌）
③各種の情報を早く的確につかむ能力
④資金調達の能力
⑤機械・施設の管理能力
⑥労務管理能力
⑦作業管理能力
⑧経営に即した技術を開発・創造する能力
⑨組織の中心人物としての生産組織の一員としての責任感

⑩仲間と協力する態度
⑪市場（産地）の動向を把握する能力

（一九八四年十一月記）

熱帯花きの種類

ストレリチア

レッドジンジャー

ピンクジンジャー

十　農業経営管理能力の向上

最近の県内の園芸作物を中心とした農業の動きをみると、
①土地改良が進みビニールハウスが立ち並んだ。
②若い青年農業者が多く、水資源の恵まれた地域に園芸作物を中心とした産地が増えつつある。
③施設内に暖房器具を設置し、設備投資を行うようになった。

以上のような事が挙げられる。

Ⅲ－表6からも分かるように経営耕地、施設（ビニールハウス）の拡大、及び施設園芸を志向している事が分かる。また労働力の投入量の増大も見られます。

経営面積、労働力の増大に伴い一〇アール当たりの販売収入が増大している。（A農家は面積が広いためか、収入は広がっている）表6では指標として販売収入をみたが、他に労働時間当たりの収入、さらに一人当たり、一〇アール当たりの労働報酬がある。今後はこれからの指標（めやす）をいかにして、引き上げていくかが問題になるでしょう。

Ⅲ－表６　観葉・野菜経営農家の実績と経営計画

（単位：千円）

区　　分		A農家		B農家		C農家		D農家	
		実　績（58年度）	63年度	57年度	62年度	56年度	61年度	57年度	62年度
経営耕地面積		100a	1500a	83a	171a	73a	163a	50a	68a
ビニールハウス面積			16a	41a	96a	13a	46a		10a
労働力（家族）		2名	4名	2名	2名	2名	2名	2名	2名
臨時雇用			3名	2名	6名	2名	2名		
品　　目		ゴム ホンコン マッサン	ゴム ガジュマル マッサン レインボ アレカヤシ	アレカヤシ ベンジャミン 千年木 ポトス	アレカヤシ ベンジャミン 千年木 ポトス	クロトン ベンジャミン ホンコン	クロトン ベンジャミン ホンコン マッサン サンダンカ	ナス ニガウリ キャベツ レタス	ナス レタス ニガウリ キャベツ
収入	草　物	13,680	8,000	（鉢）0	25,000	（花）6,783	36,959	（野）2,610	（野）7,127
	木　物	0	50,080	（貸）14,400	14,400	（野）8,397			
	（A）合計	13,860	58,080	14,400	39,400	15,180	36,959	2,610	7,127
支出（経営費）	肥料費	581	2,744	190	382	360	797	216	334
	農業費	280	2,262	17	24	126	459	72	101
	農業資材費	240	440	1,487	3,956	237	3,645	112	179
	種苗費	0	96	90	105	0	3,248	12	15
	光熱費	420	840	1,260	1,872	682	1,164	188	324
	雇用労費	3,108	1,260	3,120	9,360	3,000	6,000	−	−
	小農具費	30	50	20	20	80	80	10	10
	修繕費	34	381	92	274	97	247	7	50
	小作料	150	0	153	153	0	0	70	70
	減価償却費	338	3,808	917	2,738	976	2,470	75	497
	構成員給与	0	11,173	0	0	0	0	0	0
	支払利子償還金	0	5,315	1,695	4,452	125	1,406	50	1,006
	販売経費	0	0	0	8,250	3,770	9,544	50	998
	その他	540	650	40	40	0	0	20	20
	（B）合計	5,421	29,019	9,081	31,626	9,453	29,060	882	3,604
農業所得（A）−（B）		8,349	29,061	5,319	7,774	5,727	7,899	1,728	3,523
指標	10a当り収入	1,386	387	1,734	2,304	2,079	2,267	522	1,048
	0.03a当り収入（1坪）（単位：円）	4,620	1,290	578	7,680	6,931	7,558	1,740	3,494

そのためにも、個々の農業経営の記録を取っておく事が必要です。もちろん科目ごとの収入、支出を克明に記録しておく事が重要で、これからの農業経営者として、必要最低限の事ではないでしょうか。

復帰後、今日までは我が国唯一の亜熱帯という自然環境面の有利性で県農業が伸びてきただろうと考えます。そしてその有利性をさらに伸ばしていくのは、あと数年が一番大切で試練の時ではないでしょうか。という事は補助率の高い時期に、経営基盤（土地、機械、施設）を確立し、技術をみがいて経営を安定させておく必要があると思うからです。

（一九八五年一月記）

IV

人の章

南大東島のヒマワリ栽培状況（2000年3月）

一　八重山におけるさとうきびの増産と産地ブランドの推進

八重山農政・農業改良普及センターは平成十八年四月、県の組織再編により、事務所を八重山支庁の二階に移転し業務を行っています。

さて、管内の農業は、さとうきび、肉用牛、水稲、葉たばこ、パインアップルを中心に、冬春期・夏期の野菜、熱帯切花、熱帯果樹等、多様な農業生産が展開されています。

今回は新たな農業の動向と農政・農業改良普及センターの活動方針を述べたいと思います。農業の動向については、各作物別の産出額の割合と土地利用、生産状況について報告します。

一　八重山農業の動向と生産状況

八重山の農業産出額は近年、一一〇億円から一四〇億円で推移しており、平年十七年には一二一億円になっており、県全体に占める割合は十三・五パーセントとなっています。農業生産状況を見ますと、産出額に占めるさとうきびの割合はここ一〇年間十五パーセント～二〇パーセントで安定しています。産出額に占める畜産の割合は毎年拡大しています。

さとうきびの収穫面積は高齢化や後継者不足により、さとうきびから牧草地、葉たばこへの転換等により、昭和六二〜六三年期の二、五七〇ヘクタールをピークに減少し、ここ数年は一、八〇〇ヘクタール前後で推移していたが、平成十六〜十七年期は春植・株出しが若干増えて一、九七六ヘクタールとなりました。今期は九五、六八三トンで前期を二、四〇四トン上回り、若干生産量は増加しました。また品質面では、各製糖工場とも品質取引が始まって以来の高糖度となりました。

肉用牛の産出額が七一億円で、当管内産出額に占める割合は五八・七パーセントであります。飼養戸数は八三五戸で、一戸当たりの飼養頭数は四一・三頭となっています。

パインアップルは収穫面積九四ヘクタール、収穫量二、二三〇トンとなっており、近年、生果用としての国内需要も高い事から作付け面積、生産量とも伸びてきています。

水稲については、県内第一位の生産量でありますが、平成十八年は台風十三号の被害で収量減となっており、作付面積六六七ヘクタールで生産量は一、四九二トンでした。

オクラは管内野菜で最も出荷額の多い品目で、収穫面積で県内第二位、出荷量で第四位の実績で、平成十八年十月に県の拠点産地に認定されました。

周知のように農業生産は台風、干ばつ等の厳しい自然条件に加え、農業就業者の減少・高齢化、農産物価格の低迷など多くの課題を抱えております。

農政・農業改良普及センターは、普及課題の重点化を図り、市町、ＪＡ、関係機関と連携を図りながら、普及事業を効率的・効果的に推進していきます。

平成十九年度は、次の事項について重点的に取り組んでいきます。

二　普及基本課題の取り組み

新規就農セミナー　（平成19年7月）

（1）安定的な農業の担い手育成

①認定農業者等の育成

平成十九年八月現在で認定農業者数は二四〇戸であります。認定農業者や認定農業者を志向する農業者をはじめとする経営改善に意欲的な農業者及び先進的経営体の技術革新に向けた支援を行います。そのため普及センターでは農業者の経営管理能力向上を図るために、パソコンソフトを活用した農業簿記講座を三ヶ所で実施し、記帳や経営分析に基づく経営改善を支援します。

②女性農業者の育成

農業の担い手を確保するため女性農業者の経営参画を促進し、女性農業者の農業技術と経営技術の習得、家族経営協定への意識啓発を支援します。

③青年農業者の育成

農業青年クラブ員を中心に自立経営前の就農青年を対象に技術・

パインアップル認定式　　　（沖縄県庁　平成19年8月）

経営等の研修等を実施し、青年農業者の育成に努めます。

④新規就農者の確保

将来に向けた農業の担い手を確保するため、意欲ある青年農業者、新規就農者及び中途参入希望者等に対し、関係機関と連携した就農相談や支援活動を通じて生産及び経営技術の習得を支援します。七月から十月まで七回にわたり第一回新規就農セミナーとして、新規就農者、新規就農予定者を対象に開催しています。農林高校等や農業大学校と連携した農業大学校等への入学及び就農支援、新規就農者の就農計画や就農支援資金利用計画策定支援などを行います。

⑤さとうきび集落営農・作業受委託組織の育成

さとうきび政策が新制度に移行するのに伴い、集落営農・作業受委託組織の育成が急務であり、石垣市の集落営農組織の育成支援に取り組みます。

⑥さとうきび生産法人の育成

現在八重山には、四つのさとうきび関係の農業法人があり、収穫を中心とした受託作業に取り組んでいます。さとうきび生産法人は、さとうきび作の重要な担い手であり、生産法人の経営安定に向けた生産技術、経営管理支援を行います。

（2）おきなわブランド確立に向けた産地育成

①野菜産地の育成
拠点産地に認定されたオクラを中心にカボチャ、サヤインゲンなどの生産拡大と生産性の向上を図ります。さらに、技術実証展示ほの設置や調査研究活動を通して新技術を実証し普及します。

②熱帯花き類の単収向上
ジンジャーやヘリコニア等は県内でも有数の産地で、平成十九年の六月県より拠点産地の認定を受けた事もあり、技術実証展示ほの設置や調査研究活動を通して、より安定した産地化を図ります。また、洋ランについては、栽培管理技術の高度化により高品質で有利販売を目指し、経営の安定化を図ります。

③熱帯果樹産地の育成パインアップル、マンゴー、パッションフルーツについては、肥培管理や生産技術の向上で高品質・ブランド化を図り産地化を推進します。特に、パインアップルについては、生食用品種の普及拡大を図り、安定した産地育成、維持・発展に向けて取り組みます。今年八月一〇日に県より拠点産地に認定され、石垣市の果樹振興、ブランドに向けて弾みがつくものと考えます。竹富

さとうきび増進大会　来賓挨拶する兼島規八重山支庁長
石垣市大浜公民館（平成19年8月）

マンゴー生産技術向上センター　（石垣市　平成19年10月）

町についても産地協議会の育成、拠点産地の認定に向けて取り組みを強化した結果、平成二〇年三月に拠点産地に認定されました。

④さとうきび生産体制の強化と増産への取り組み

担い手の減少、生産農家の高齢化が進行している事から、生産法人の育成や農業機械オペレーターの発掘・技能向上等を通して、生産農家の育成を支援します。また、各島のさとうきび増産プロジェクト会議や糖業技術研究会等を中心に関係機関との連携を強化し生産振興を図ります。

⑤水稲生産体制の強化

当地域は県内稲作の主要産地であり、超早場米の産地を育成するため、病害虫防除、適切な水管理、適期収穫、土づくり等の栽培管理を徹底し、良品質の水稲生産を図ります。

⑥肉用牛産地の育成

肉用牛の飼養管理技術の向上、粗飼料の生産・利用の効率化等により、肉用牛繁殖経営の安定化と高品質肉用牛の生産を推進します。さらに、家畜ふん尿の適正な処理と利用促進等の環境対策を推進するため、関係機関と連携した良質堆肥の生産支援を行います。

水稲の収穫状況　（石垣市）

（３）環境と調和した農業生産

①環境負荷軽減に配慮した生産

土壌・作物診断等に基づく適切な施肥管理等により、化学肥料の低減技術の普及を図ります。また、関係機関と連携し有機質資源（堆肥）の利用システムを確立し、その有効利用を推進します。現在八重山では水稲・野菜農家のエコファーマーが二戸認定され活動しています。九月には水稲農家三戸がエコファーマーに認定されました。また特別農産物栽培農家に二戸の野菜農家が申請中です。さらに環境負荷軽減に配慮したエコファーマー、特別農産物制度の普及啓発を図ります。

②安全な農産物の生産

農薬の適正使用や農薬飛散防止技術を普及するとともに、施設園芸への天敵等の活用により農薬使用量の低減化を図る病害虫防除技術を推進します。また、食の安全・安心を確保するため、関係機関と連携し、農産物の栽培履歴、飼養管理の記帳を推進します。

③農村集落の景観保全

赤土等流出防止対策として、さとうきびの春植・株出を奨励し、マルチやカバークロップ、減耕起、ほ場周囲の植栽や緑肥作物の栽培督励等の流出防止対策を推進します。

（４）農山漁村地域の振興

①地域特産物の生産と販売促進活動

地域内自給を視野に入れた農業生産の推進や地域資源を活用した多様な起業経営活動の促進、経営管理向上等の支援を行います。

②都市、農村交流促進による農村の活性化

都市住民の農業・農村への理解促進と農村地域の活性化を図るため、グリーンツーリズム実践者の育成に向けた支援を行います。

三　農業振興地域の整備に関する法律に基づく市・町の農用地利用計画の策定

管内においては、住宅、マンション、リゾート等の開発需要が高まっており、平成二五年の新石垣空港の完成が予定されている事から、さらに開発が増加すると見込まれています。

このような状況にある事から、石垣市では農業とその他の土地利用を秩序あるものとするため、農用地利用計画の策定作業を推進しているところであります。竹富町、与那国町においても農用地利用計画の策定が予定されている事から、秩序ある土地利用について支援します。

四　農地からの赤土流出防止対策

平成十七年度より石垣島全域を対象とした「土地利用者参加による赤土等流出総合開発事業」が実施されており、地域全体が一体となった赤土流出防止対策体制の整備が求められている事から、関係機関と連携した取り組みを強化していきます。

今後とも、八重山地域の農業振興を図るため、生産農家をはじめ石垣市、竹富町、与那国町、ＪＡ、各製糖会社、三高等学校関係機関と連携を密にして、農産物の安定生産、地域振興、担い手の育成確保に向けた施策の実現に取り組んでまいります。

（二〇〇八年二月記）

八重山のパインアップル

二　島におけるさとうきび作りの事例に学ぶ

さとうきびは、沖縄県、鹿児島県の離島で基幹作物として重要な作物ですが、近年単位当たり収量の低迷に伴い生産量が減少傾向にあるとともに、生産者の高齢化等、大変厳しい状況にあります。そのような中で、平成十九年産から新たなさとうきび政策が実施され、さとうきびの単収並びに生産量、品質を高める事が早急の課題です。

沖縄県では毎年四月の第四日曜日を「さとうきびの日」と定め、各地区で関連行事が開催されています。平成二〇年四月二三日（水）第三一回さとうきびの日関連行事で、那覇市の産業支援センターで石垣市名蔵の伊志嶺敏彦氏が「石垣島における私の農業経営」と題して記念講演を行ないました。その伊志嶺氏の講演内容と今後の計画のことと、鹿児島県喜界島で、平成十二年第三九回農林水産祭でさとうきび作で天皇杯を受賞した岩下雅一郎氏の事例を紹介します。

両島のさとうきび産業には、多数の類似・共通点があります（Ⅳ－表１・２参照）。また、両氏にもいくつかの共通点があり、特に伊志嶺氏の講演はこれからの八重山の農業を考える上で大変参考になり、私一人の胸にとめておくのはもったいない、島別のさとうきび増産プロジェクト計画を達成するにはさとう

Ⅳ－表１　石垣市（島）のさとうきび産業

年度	サトウキビ農家戸数（戸）	収穫面積（ha）	10a当り収量（kg）	生産量（t）	栽培型別面積構成（%）		
					夏植	春植	株出
1970（昭45）	2,580	2,457	5,012	123,139	30.3	4.2	65.5
1975（昭50）	1,005	564	4,763	26,864	28.2	2.0	69.9
1980（昭55）	(1,667)	1,005	6,548	65,864	68.2	9.4	22.5
1985（昭60）	(1,938)	1,874	7,864	147,380	78.8	4.4	16.8
1990（平 2）	1,937	1,868	7,572	141,453	82.8	6.1	11.1
1995（平 7）	1,541	1,233	5,926	73,067	85.1	6.7	8.2
2000（平12）	1,378	1,146	7,868	90,123	80.6	9.9	9.4
2005（平17）	1,463	1,452	5,333	77,427	59.2	15.6	25.2
2007（平19）	1,405	1,261	5,460	68,834	75.2	9.4	15.3

資料：さとうきび及び甘しゃ糖生産実績
※農家戸数は石垣島製糖資料。（　）は全農家戸数

Ⅳ－表２　喜界島のさとうきび産業

年度	サトウキビ農家戸数（戸）	収穫面積（ha）	10a当り収量（kg）	生産量（t）	栽培型別面積構成（%）		
					夏植	春植	株出
1970（昭45）	1,885	1,469	7,020	103,129	20.4	6.9	72.7
1975（昭50）	1,382	1,360	6,662	90,601	22.1	9.9	68.0
1980（昭55）	1,157	1,331	7,077	94,193	25.8	11.7	62.5
1985（昭60）	1,063	1,457	8,237	120,011	27.2	11.9	60.9
1990（平 2）	1,052	1,438	6,581	94,640	28.6	18.0	53.4
1995（平 7）	860	1,086	7,637	82,934	49.0	7.0	44.0
2000（平12）	797	1,067	7,264	77,503	57.6	8.2	34.1
2005（平17）	772	1,026	6,298	64,603	58.6	5.9	35.5
2007（平19）	713	1,177	7,833	92,191	51.9	5.8	42.3

資料：鹿児島県「平成12年度さとうきび及び甘しゃ糖生産実績」
「鹿児島県喜界島産業振興課業務資料」

きび栽培の基本を知っていて、実践している両氏のような方が多数増えてほしいとの思いをこめて、筆を執ります。

一　伊志嶺敏彦氏のプロフィール

伊志嶺敏彦氏は、昭和四六年石垣市の高校を卒業して、愛知県の製パン工場に就職しました。その後、四九年に八重山に帰郷し、父親のさとうきび、パインアップル作りを手伝い、昭和六一年、父親より農業経営の移譲を受け、本格的に農業に取り組むことになりました。当初は、一五〇アールのさとうきびのみでしたが「さとうきびは儲かる」という信念のもと少

Ⅳ－表３　伊志嶺氏の作業体系

△植付　◎収穫

月	1	2	3	4	5	6	7	8	9	10	11	12
サトウキビ		△					△	△				
	◎	◎	◎	◎								
パインアップル				◎			◎	◎				
水稲		△				◎	◎					
								△			◎	

資料：伊志嶺氏聞き取り調査

しずつ経営面積を拡大したそうです。昭和五七年から六年連続で石垣島製糖株式会社より原料増産の表彰を受けています。さらに平成六年第十八回沖縄県さとうきび競作会夏植部門へ出品し奨励賞に輝いています。

二　伊志嶺氏の講演から　農業経営の概要と今後の計画

（1）農業経営の概要と特徴

現在の作目別の経営面積は、さとうきび十一ヘクタール、パインアップル四ヘクタール、水稲二・六ヘクタールの複合経営であり、二世代が農業に従事した農業経営であります（Ⅳ－表３参照）。

農業の基本である土づくりは、周辺の畜産農家から堆肥を無償で譲り受けるか、クロタラリアなどの緑肥栽培等を行っています。

苗作りは無病健全な苗を植えつけるように努めています。春植用の苗は十一～十二月に植え付け、夏植のものは四～五月に植え付けている。植え付けは全茎プランターを利用し、はく葉・脱葉を確実にやったものを利用している。

現在は夏植が多いが、今後の方向としては春植・株出し体系にもっていきたい。春植はさとうきびの収穫作業と競合するのでさとうきびの収穫作業は開発組合等に委託させ、春植・株だし管理に専念したい。現在の所、春植・株出し体系が難しいのは、一～二月に雨が多い事で、また春植は秋の台風で梢頭部が折れやすい。対策としては、農業共済制度を活用する事が最善の策ではないか。また、春植・株出し体系の利点は、裸地の期間が短いので、表土（赤土）の流出が少ない。土地利用の面から収穫量が多くなり、農業所得が上がる。短期間で収益を上げ、土地利用面、さとうきび収穫面積の拡大にもつながる。朝起きて、毎日必ず畑周りを行い、その日の作業段取りを決めています。

（2）今後の計画

現在、三男が一緒に農業に従事しているが、これから次男も従事する予定なので、今の経営作目に熱帯果樹を取り入れた経営を考えている。一年間で現金収入が得られるような経営にもっていきたい。家族の労働力を適正に配分できるような作物の組合せを考えたい。さらに地域の立地条件を考慮して観光農園及び直売市等の計画をもっています。

三　岩下氏のプロフィール

岩下雅一郎氏は、平成十八年四月に中部地区さとうきびの日関連行事として「さとうきびしい時代の到来！　さとうきび作で再生」と題して、記念講演をされています。その時の講演内容と平成十九年二月に岩下氏のほ場を視察、調査したので、それを中心に記してみたいと思います。

岩下氏は、喜界島（町）で生まれ、高校までは島に住み、その後、京都等で生活され二五才の時に帰島し、現在まで約三〇年間、農業に従事されている方です。主な役職は、鹿児島県甘味資源生産振興審議会委員、県指導農業士等です。表彰関係は、第四九回全国農業コンクールで名誉賞、農林水産大臣賞、クボタ賞に輝き、第三九回農林水産祭で天皇杯（平成十二年）を受賞されています。

四　岩下氏の講演から　農業哲学とさとうきび作り

岩下氏の経営規模は二五ヘクタールで株出しが一〇ヘクタール、夏植五ヘクタール、春植一・三ヘクタールの収穫面積であり、三年間平均で八〇〇トン前後を収穫しています。

農業は技術の前にやる気と努力次第で作物を我が子のように大事に育てていく事が肝要であり、家庭で農業に対しどのような教育をやっているかで、後継者が育つと考える。農家が農業を否定してはいけない。自分が農業を継いだのは親の教育によるものと思います。これからのさとうきび作り及び農業経営については、

①後継者に橋渡しができるような経営にもっていき、初心を忘れず手を抜かない事。
②さとうきび作りは雑草管理が大切で、面積に合った機械化を考える。
③適期管理（耕運作業、植付、株出し）の実施、良い苗の確保（欠株を出さない）。
④明日の作業段取り、他の畑との比較をする意味で畑の見回りは大切な作業の一つ。
⑤農作業は先手先手の適期作業で行い、いい事は共有して取り組む。
⑥農業所得の増大のためには生産量を上げる事と生産コストを下げる事が大切。

⑦農機具を大事に扱う。メンテナンスを丁寧に行う。始業点検、作業後の点検を徹底。サビ止めの実施。

⑧自分・家族の健康状態、体の状態をチェックする。健康であってこそ、安定的・持続的農業経営ができる。

⑨農業をやっている方はプロ意識をもってもらいたい。自信を持ち人に話せる経営を営む。

今後のさとうきび作の方向性としては、機械化の進展に伴い、受委託作業の拡大による分業化が進んでいくとして、農家における委託料などの負担に対しても、収穫作業を委託している間に自分は株出し管理作業を行う事ができ、それに伴う増収を図る事が可能といったプラス思考で考えればよいのではないか。

石垣島と喜界島という島のさとうきび作を担っている二氏の話を聞いて共通する点は、①同年代である事　②高校を卒業して島を出て帰島している　③さとうきびを中心とした経営　④将来を見通した経営をやっている　⑤地域の後継者にも関心を強くもっている　⑥島（故郷）を大事に思い、そこでの土壌、作物、気象、機械を最大限に活用し、環境にも配慮した農業を営んでいる事だと思います。

県内、宮古・八重山にも沢山のさとうきび作に熱心な農家の方が多数おられます。その農家の方々のこれまでの技術・経営・考えを地域の生産者へ伝えていく事も、さとうきび増産に向けて取り組んでいる関係機関の役目であります。

（二〇〇八年六月記）

三　さとうきび増産プロジェクト計画の達成を

（さとうきび夏植え九五〇ヘクタール、八月中に四〇〇ヘクタール以上植付を）

太陽の光をいっぱいに浴びてみごとに育ったさとうきび。それはまぎれもなく「南の島々の緑の宝」です。南西諸島の基幹作物として代々続いているさとうきび栽培は、地域経済の大きな柱であり、将来にもつながるかけがえのない財産なのです。

さとうきびは肉用牛と共に、離島地域の基幹作物として農家経済はもとより関連産業への経済波及効果が大で、離島地域の活性化、発展に大きく貢献してきました。ちなみに、そのさとうきび生産額に連動して、金融面、生産資材関連および流通関連事業等へと約四・二九倍の地域経済波及効果をもたらしています。

しかし、近年さとうきびを取りまく環境は、単位当たり収量（単収）の低迷に伴い、生産量が減少傾向にあるとともに、肥料、生産資材の高騰、生産者の高齢化等、大変厳しい状況にあります。そのような中で、平成十九年産から新たなさとうきび政策が実施され、また、島別の増産プロジェクト計画がたてられ、推進会議が開催され関係機関、生産農家が努力しているところです。増産プロジェクト計画を達成するためには、単収、生産量及び、品質を高める事が早急な課題であり、また夏植えに向けた取り組みの強化が必要です。

ここでさとうきび増産に向けた計画と取り組み、重点振興方向、生産農家が最低限やるべき項目（基本技術五ヶ条）、県さとうきび競作会での八重山地区からの表彰農家紹介、八月夏植えの早期植付の有利性について述べます。

一　さとうきび増産プロジェクトの計画と重点振興方向

（1）さとうきび増産に向けた主な取り組み計画
石垣島では、Ⅳ－表４のような計画があります。

A　経営基盤の強化
①受託組織のあり方検討
②規模拡大農家への農家再生化支援
③さとうきび生産組合と連携した共済制度の説明及び加入促進

B　生産基盤の強化、
①緑肥作物の導入による赤土流出防止及び農地防風林整備の啓発
②畑地かんがい未整備解消のための土地改良事業の推進

Ⅳ－表４　さとうきび原料見込、県生産計画、増プロ計画《石垣島》

単位（ha、kg、t）

	夏植え			春植え			株出し			合計		
	面積	単収	生産	面積	単収	生産	面積	単収	生産	面積	単収	生産
20/21年期 石垣島製糖 原料見込み	854	8,000	68,320	97	5,100	4,947	149	4,900	7,301	1,100	7,324	80,568
県生産計画（平成20年2月）	844	7,936	67,400	135	5,852	7,900	228	5,877	13,400	1,207	7,349	88,700
増産プロジェクト 生産計画（20／21年）	885	7,500	66,375	245	5,200	12,740	320	4,900	15,680	1,450	6,500	94,795
増産プロジェクト 生産計画（平成27年）	800	8,500	68,000	300	6,500	19,500	350	6,200	21,700	1,450	7,500	109,200

資料：増産プロジェクト会議資料、石垣島製糖原料委員会資料

③小型ハーベスター及び株出管理機の導入

④土壌診断に基づく土壌改良資材の施用の啓発

⑤緑肥すき込みによる地力増進

C　技術的な政策

①ハリガネムシ防除の啓発

②黒穂病対策の強化

③優良種苗導入及び普及

④株出し管理展示ほの設置

⑤最終培土時の緩効性肥料施用の展示ほの設置

（2）島別重点振興方向

島別振興方向を踏まえ、認定農業者や生産法人、生産組織等を育成しつつ安定生産を確保するため、石垣島においては次の点を強力に推進する。

①ハーベスターや株出し管理機等による早期株出し管理や適期植付の徹底（夏植えは七～八月）

②耕畜連携によるバガス等を利用した有機物の畑地還元や緑

肥作物の栽培による土づくりの推進
③集中脱葉施設等を活用した無脱葉原料の搬入による省力化、低コスト化
④遊休農地の解消による収穫面積の拡大
⑤防風、防潮林の整備

二　生産農家がやるべき項目（基本技術五ヶ条）

地区のさとうきび農家は他の作目、畜産との複合経営が多く「時間がとれない」「人手が足りない」「作業が大変」な事から、基本技術が十分に行われていない農家もあります。このような状況を踏まえ、ここでは栽培の基本技術を紹介しますので、高糖、多収のさとうきび作りを目指したいものです。

(1)　土づくり、ほ場準備

深耕と有機物の混和を心がけましょう。さとうきびは深根性作物で根の伸長、発達は生育・収量に大きく影響します。そのため、表土の厚さは二五～三〇センチ以上が好ましく、耕起の深さは三〇センチ以上が望ましい。

新植の場合は、植付前に推厩肥、緑肥などの有機物の資材は二～四t／一〇a散布し混和します。株出し畑ではできるだけ根を細断後、畦間に石灰窒素二〇kg／一〇a散布し鋤き込みましょう。土壌のPHが低いと、収量・品質も低下してしまいます。土壌PHを最適な状態（PH6～7）に改善して下さい。

（2）良質苗の早期植付と基肥の実施、株出し管理の早期実施、適正な畦幅、株間で良質苗を多めに植えましょう。

植付の際に畦幅が狭すぎると十分な培土が困難になり、倒伏しやすくなり枯死茎が多くなります。適正な畦幅にしましょう。植付の際には窒素、リン酸、カリの三要素の入った複合肥料の施肥も同時に行い、覆土・鎮圧して苗と土を密着させます。夏植えの植付は七〜八月中に。収穫後は早めの株出し管理を行いましょう。

（3）雑草・病害虫対策

雑草対策・病害虫対策も効果的に行いましょう。

（4）施肥・中耕・培土作業

状況を見極めながら丁寧に作業しましょう。施肥は量とタイミングが大切です。追肥の時期が遅れたり、量が多くなると糖分上昇が遅れる原因になります。中耕・培土は地中の節数を増やし、根の発生・伸長を促進する事によって、養水分の吸収を盛んにし、同時に倒伏を防止するための作業です。

（5）すべてにおいて適期作業

適期作業で自然の力を活かしましょう。さとうきび栽培は、自然の力を上手に活用する事が多収につな

Ⅳ－表５　沖縄県さとうきび競作会表彰農家一覧表（23回～32回）　八重山関係

	農家の部・奨励農家、多量・法人	特別表彰
第23回（10／11年）	（春植え・農家の部）伊　保　俊和（石垣市）	伊志嶺敏彦（石垣市）
第24回（11／12年）	（春植え・農家の部）東山盛　利貞（石垣市） （夏植え・農家の部）伊保　　俊和（石垣市）	
第25回（12／13年）	（春植え・奨励農家）東山盛　　一（石垣市） （株出し・奨励農家）前嵩西　　久（石垣市）	
第26回（13／14年）	（春植え・奨励農家）東山盛　　一（石垣市） （株出し・奨励農家）前嵩西　　久（石垣市） （多量生産・奨励農家）㈲小浜島ファーム（竹富町）	
第27回（14／15年）	（多量生産・奨励農家）㈲八重山農園（石垣市） （多量生産・県１位）㈲サザンファーム（竹富町） （春植え・奨励農家）前嵩西　　久（石垣市）	
第28回（15／16年）	（多量生産・県１位）小浜島ファーム（竹富町） （春植え・奨励農家）東山盛　　一（石垣市）	松原　　浩（竹富町）
第29回（16／17年）	（多量生産・県３位）白　保　信昇（竹富町） （夏植え・奨励農家）石　川　光子（石垣市）	
第30回（17／18年）	（夏植え・奨励農家）宮　良　　辰（石垣市）	照屋　　玄（石垣市）
第31回（18／19年）	（多量生産・県２位）當　銘　幸栄（石垣市） （夏植え・奨励農家）宮　良　　辰（石垣市）	大島　彦成（石垣市）
第32回（19／20年）	（奨　励　農　家）石　川　光子（石垣市）	浦仲　　浩（竹富町）

資料：第23回～第32回・沖縄県さとうきび競作会　表彰式資料

がります。梅雨や太陽の光を有効に活かすためにも、土壌づくり、植付けにはじまる一連の作業はすべてにおいて適期作業が望まれます。

三　県さとうきび競作会における表彰者

　八重山地区には多数の表彰者がおられ、さとうきび作りに熱心に取り組んでいます。また他にもさとうきび作りに熱心に取り組んでいる方が多数おられます。これまでの表彰農家、さとうきび作に熱心に取り組んでいる方達を活用しながら、これまでの技術・経営・考えを地域への生産者へ伝えていく事も大切な事であります。表彰された方は、生産農家がやるべき項目（基本技術五ヶ条）を確実に実施されているものと考えます。

Ⅳ－図１　植付け時期による単収の比較（夏植え）

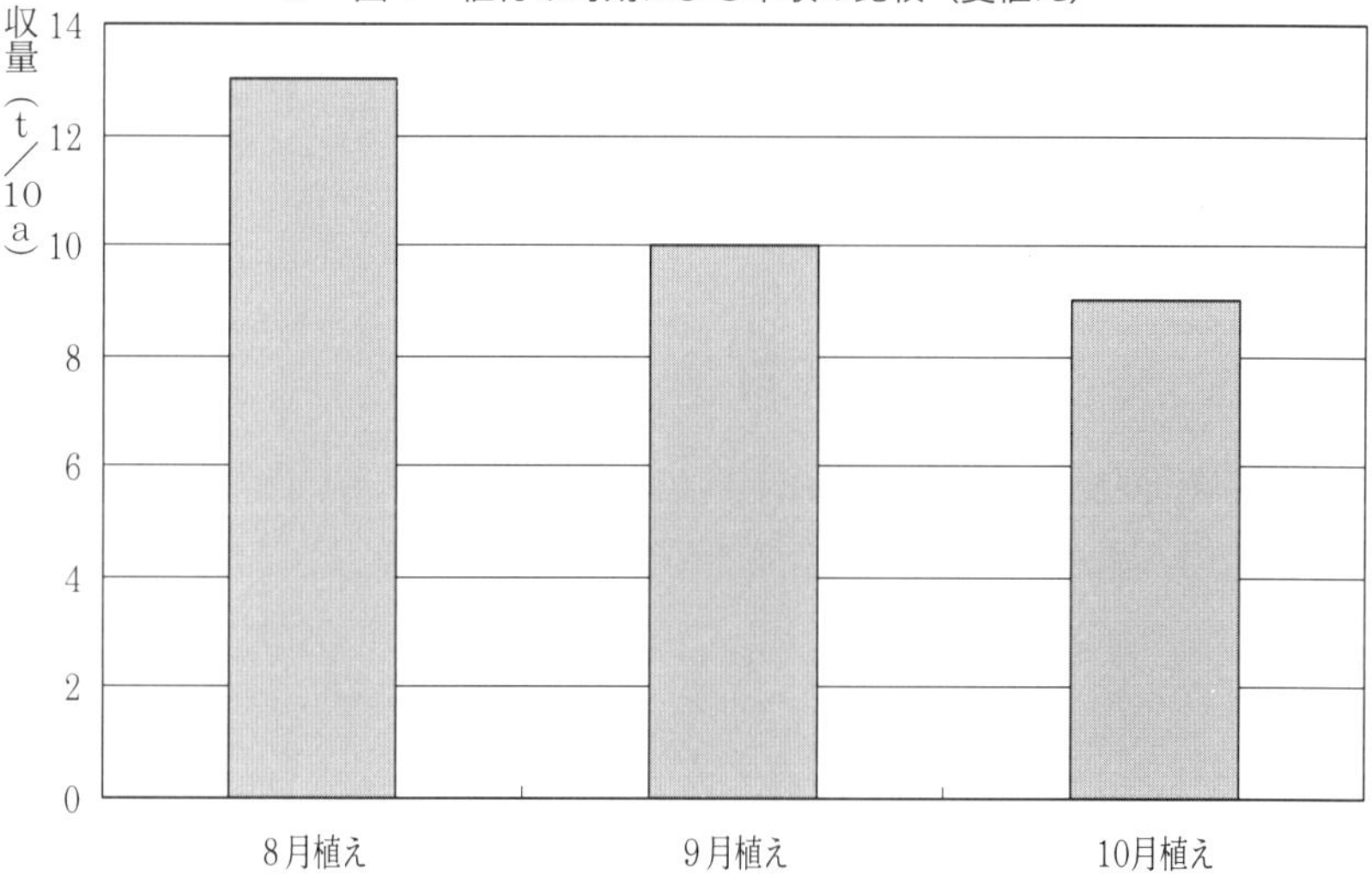

場所：鹿児島県農業試験場徳之島支場、土壌：琉球石灰岩風化土、作型：夏植え、品種：農林８号、栽培条件：施肥は鹿児島県基準、栽培期間のかん水なし、夏植え（平成５・６年）

四　夏植えの早期植付けを

これまで述べてきたように、島別の増産プロジェクト計画の平成二七年への取り組みを強化しなければいけない時期にきています。特に石垣市においてはこれ以上のさとうきび植付け（面積）の拡大は難しい段階にきています。そこで増産プロジェクトの計画等を達成するには、単収の上昇を図らねばならない。そのためには、農家段階での努力目標、行政関係機関の努力目標の明確化と役割分担が強く求められています。この農家がやるべき項目（基本技術五ヶ条）のほかに品種の導入の問題があります。ここでは、夏植えの八月植えの有利性について述べます。

Ⅳ－図１は、農林八号での植付け時期別の単収の比較です。八月植えが九、一〇月植えよりも高い収量をあげているのがわかります。また、石垣島製糖の原料委員会の資料によると八月植付け割

Ⅳ－表６　平成19／20年期産　品種別月別単収

品　　種	7月植え	8月植え	9月植え	10月植え
農林８号	8,022	8,407	7,854	6,952
農林15号	7,959	9,069	8,096	6,752
農林13号	9,001	9,585	8,789	7,010
平　　均	8,139	8,649	7,901	6,650

資料：石垣島製糖原料委員会資料より作成

合の高い集落（原料区）ほど夏植えの単収が高くなっています。一生産期間の実績ではありますが、品種別にみると、農林八号、農林十五号、農林十三号の品種とも八月植えの単収が高くなっています。石垣島に栽培されている全品種においても八月植えの単収が高くなっています（Ⅳ－表６参照）。夏植えは八月中旬～九月中旬の間に植付けると早く分けつし、主茎の伸びが良く、また原料茎数の確保にも大きく影響します。原料茎数の確保と一本当たりの茎重で収量が変わります。

今年は、早めの豊年祭・旧盆とあり、暑い中ではありますが、早めの段取り、作業をこなし、八月植えの目標を達成しましょう。それが農家への生産量の増加、農業所得の増加と結びつくものと考えます。

まとめ

八重山地区は、栽培作目の多様化が進んでいて、これまでのようにさとうきびの作付面積は大幅に拡大できない状況にあります。平成二七年までの増産プロジェクト計画を達成するには、それなりの努力をしなければならないと思います。これまでの基本技術をやりながらも、作付（収穫）面積が大幅に拡大できなければ、増産プロジェクトを達成するための対策が二つあるかと思います。一つは、これまでの夏植え中心の作付体系から春植えとし、株出し面積を多くすれば収穫面積

Ⅳ−図2　夏植えさとうきびの生長習性と肥培管理

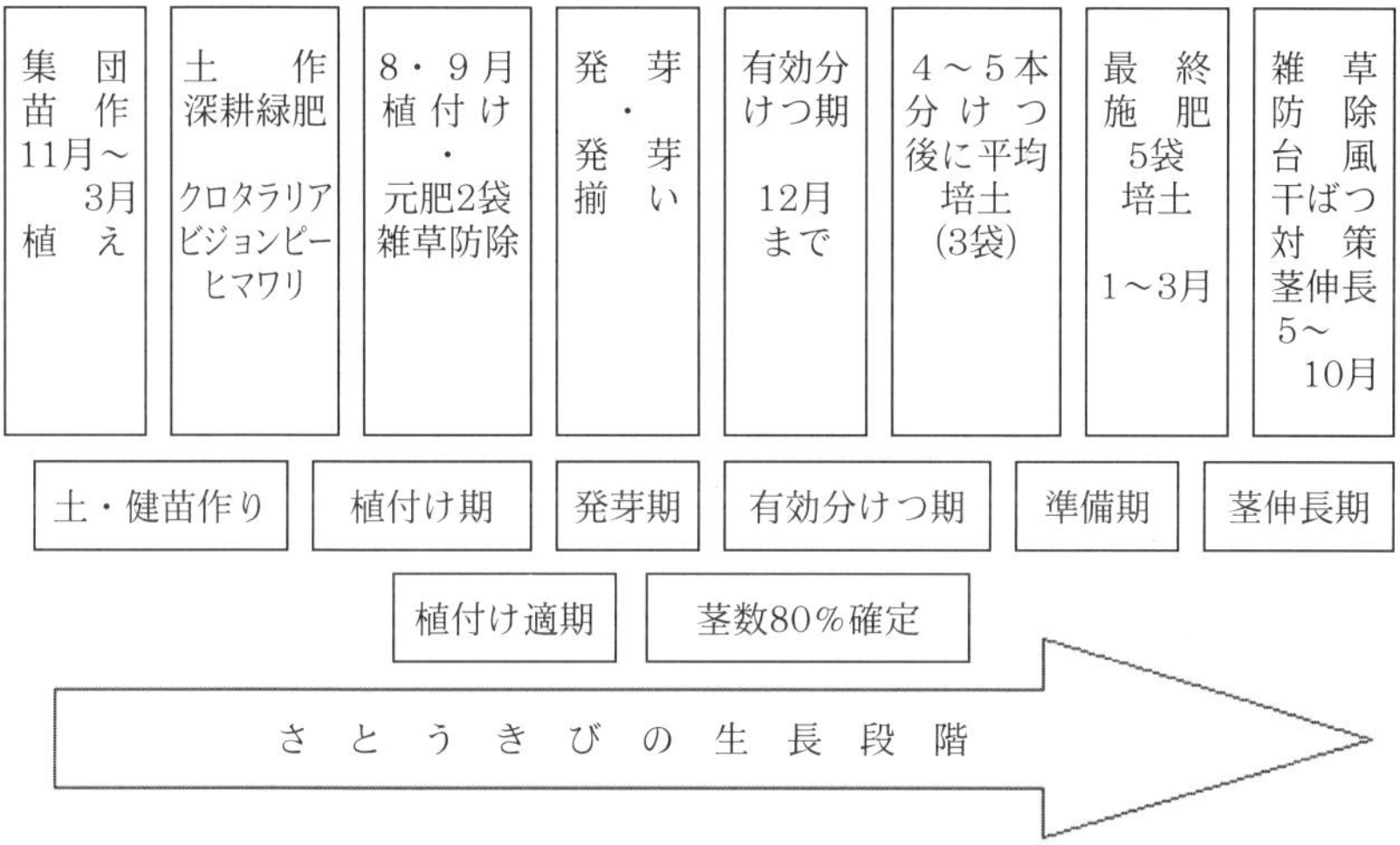

Ⅳ−図3　増産は原料茎数確保から始まる
（最近は茎数が減っている）、茎数確保は技術である。

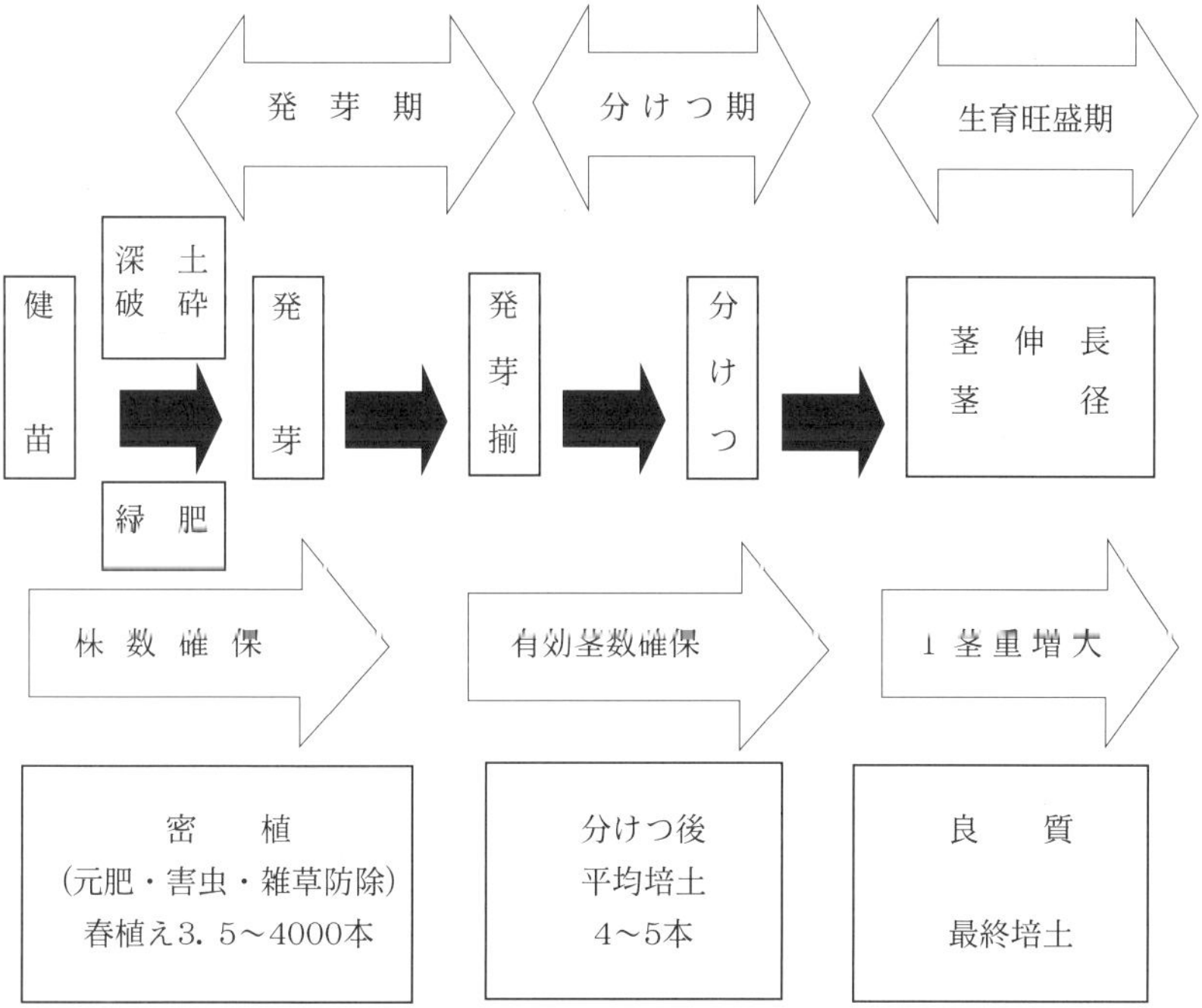

Ⅳ−図2、3図は、「安定生産には茎数確保が重要」（平成19年8月
ＪＡおきなわさとうきび生産振興アドバイザー・島袋正樹）より引用。

が拡大できます。もう一つは、夏植え、春植え、株出しでの単収の増加を図る事だと思います。そのためには、土づくりをしっかりやる事が単収増加を図る事だと思います。以前に比べて、八重山の土壌は腐植含量（地力）が低くなっている傾向があります。幸いに畜産が盛んな地区なので、畑への地力を高めるためには堆厩肥の還元、緑肥、甘藷、落花生、大豆、ゴマ等との輪作体制を確立し、有機物を数多く畑に投入する事だと考えます。

夏植え栽培のポイント（Ⅳ－図２参照）

①早期植付けを行う（遅くとも八〜九月中には植えつける）。
②密植すると無効分けつが増えるので、良質（優良苗）な苗を植える。
（良質苗を適正な畦間、株間で植付ける）
③有機質堆肥（二〜四ｔ／一〇ａ）による土づくりをする（鋤き込む）。
④高培土時に再度、有機質堆肥を株元に施し培土を行う。
⑤欠株の補植を確実に行うため、補助苗の準備をしておく。
⑥干ばつ状況をみてかん水を行う。
⑦除草作業は早めに行う。

Ⅳ－図３にあるように増産は原料茎数の確保から始まります。最近は、茎数が減ってきていますが、茎数確保が基本技術の一つです。夏植付け後は六〇日〜七〇日に、平均培土時までには四〜五本の茎数確保が必要です。これまで増産プロジェクト計画、競作会での表彰農家紹介、基本技術五ヶ条、及び早期植付けの有利性を述べてきましたが、特に夏植えにおいては、七月～八月中の早期植付け、土づくり、夏植え栽培のポイント、茎数確保の重要性を含めた農家がやるべき基本技術を確実に実施し、さとうきびの増産に取り組みましょう。

（二〇〇八年八月記）

さとうきび株出しの管理体系

条播機による株元への有機質堆肥の投入

中耕培土作業

四　八重山における拠点産地協議会の活動と今後の課題

八重山地区の農林水産業は、台風、干ばつ等の厳しい自然条件、離島性、市場遠隔性等の制約条件の下で、復帰後の沖縄振興計画に基づく各種施策の積極的な推進により、亜熱帯性、海洋性の温暖な地域特性を活かした生産活動が展開され、発展を遂げてきました。

農林水産業は、自然界における多様な生物にかかわる循環機能を利用し、動植物を育てながら営まれており、生物多様性に立脚した生命産業であります。地区の農業は豊かな水資源と地形・気候に恵まれ肉用牛、さとうきび、水稲、パインアップル、葉タバコを中心に冬春期の野菜、熱帯花き、マンゴー、パッションフルーツ、パパイヤ等の熱帯果樹の特色ある農業生産が展開されています。また、島々には貴重な在来野菜、薬用作物が多数栽培され、海・林産物を含め豊かな食生活が営まれています。

沖縄県では平成十一年より農林水産振興計画・アクションプログラムに基づき「市場競争力の強化により生産拡大及び付加価値を高める事が期待されている品目」（戦略品目）の拠点産地制度を制定し、拠点産地形成を推進しています。拠点産地の理念は、組織力を持ち「定時・定量・定品質」の出荷原則に基づき、一定量の生産物を安定的に生産出荷し、消費者や市場から信頼される産地となる事です。

これまで、八重山地区では、平成十七年度に与那国町のボタンボウフウ、平成十八年に石垣市のオクラ、平成十九年にジンジャー類、ヘリコニア、パインアップル、平成二〇年には県内初の肉用牛が県知事により拠点産地に認定されています。

今回は、これら四拠点産地の活動状況、取り組み、産地ブランドの確立をめざして平成十九年の十一月十五日に産地活性化推進大会を開催しましたので、その状況と産地育成計画、今後の課題等を紙面で紹介していきたいと考えます。

一　八重山地区（石垣市）オクラ産地協議会の取り組み

八重山地区のオクラ生産は昭和五三年（旧大浜農協）のオクラ生産部会の設立に始まり、今日に至っています。現在の部会員数は五六名で、産地は石垣市の東部（白保・宮良・大浜）が中心で、最近は西部（名蔵・崎枝）でも栽培出荷するようになってきました。

オクラは、ＪＡ八重山支店の園芸県外出荷額の四〇パーセントを占める重要品目であり、県内でも栽培面積で県内二位、出荷量で県内第四位の実績があります。

主な出荷時期は四月～七月と十月～十二月の県内リレー産地の最初と最後を担う産地であり、規格選別もよく高品質・高価格で東京市場を中心に出荷されています。

（1）産地の現状と課題

亜熱帯性気候の特性を活かし、県内の早期出荷と年末出荷を担う産地として可能性の大きい産地であるが、他の農作物同様多くの課題を抱えており、課題の克服に向けて産地協議会の生産農家、関係機関一同取り組んでいるところであります。主な課題は、①秋植えの台風被害　②土づくりと栽培管理の撤底による反当たり収量の向上と安定供給体系の確立　③輸送コストの低減　④選別、ネット詰め等労働力の低減　⑤計画的な生産、販売計画の構築となっています。

（2）産地化に向けた取り組み

産地協議会と生産部会を中心に、現地検討会や講習会の開催、オクラ植え付け推進、八重山独自の台風対策資材の導入、展示ほの設置、島内販売の検討、園芸フェアへの出展等を行い、拠点産地のＰＲと安定的、持続的な産地づくりをめざした取り組みを行っています。

また、面積としては少ないが、ハウス栽培も試され、出荷期の拡大を目指しています。

（3）今後の展開

周年安定生産体制を確立するため、台風対策材を活用した技術の構築やハウス、トンネル栽培の推進に取り組み、関係機関、生産農家の連携強化を図り、①日本一早い出荷ができる産地　②より優れた品質のオクラを生産できる産地　③露地・トンネル・施設を組み合せた周年安定生産のできる産地　④健康食としてのオクラを発信し、消費を拡大できる産地を目指しています。

Ⅳ－図４　オクラの実績及び計画

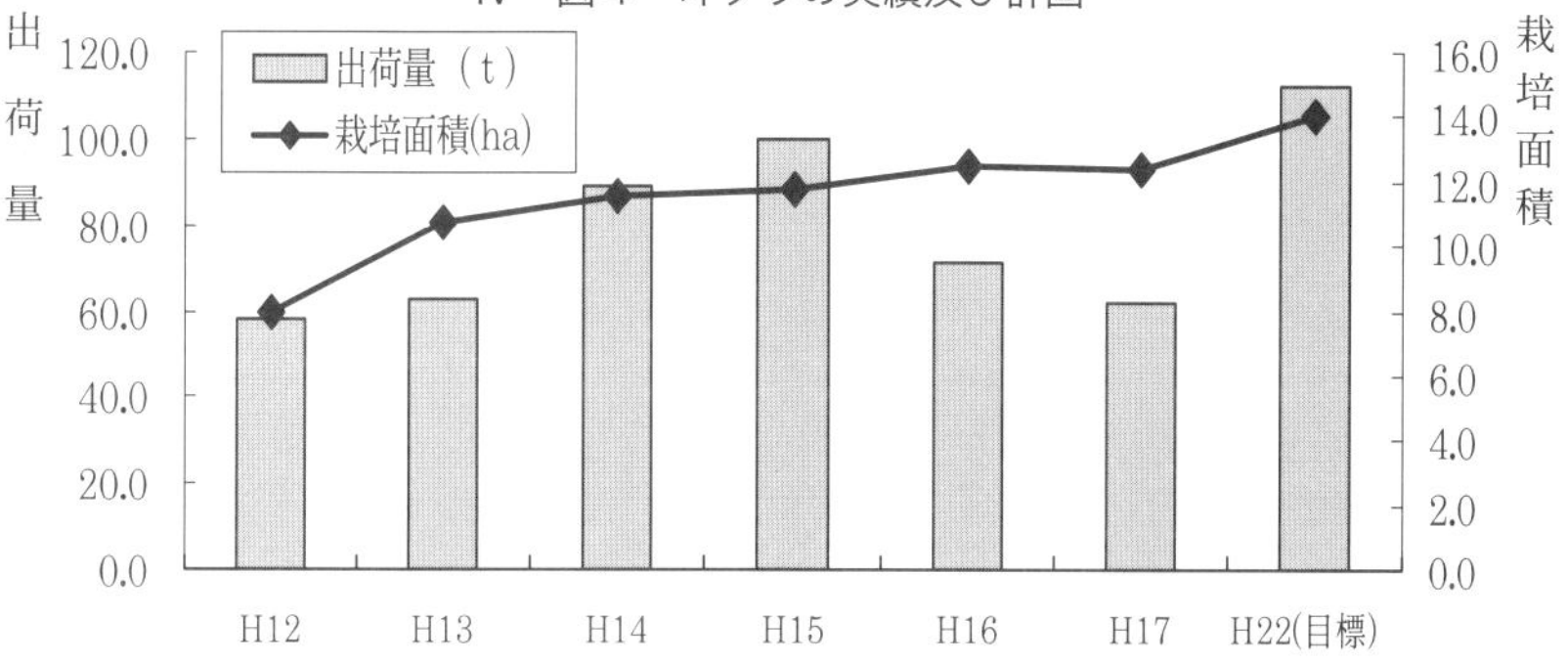

二　石垣市花き拠点産地協議会の活動状況

石垣市における花きの営利（経済）栽培は、昭和五六年に三戸の大（輪）菊生産農家が沖縄県花卉園芸農業協同組合の指導を受けてスタートし、栽培面積五ヘクタールまで拡大したが、難防除病害虫の出現と単価の低迷により輪菊栽培は衰退し、変わって本市の気候、風土に適した熱帯花き（ジンジャー、ヘリコニア）の栽培が隆盛を迎え、平成十九年六月には拠点産地の認定を受けました。

熱帯花き栽培の歴史を振り返る時、故・仲田弘義氏の残した足跡から見ないといけません。パイオニア精神旺盛な仲田氏は昭和五八年から沖縄本島やハワイ島より、ジンジャー、ヘリコニアの新品種を導入し試行錯誤を繰り返しながら試験栽培を実施しました。その結果、栽培管理技術を確立し、また市場開拓、出荷規格の調整や種苗の増殖普及等により、ジンジャー、ヘリコニアの経済栽培を確立させた仲田氏の残した功績は大きいものがあります。

（1）産地の現状と課題

亜熱帯性、海洋性等の気候特性を活かし、県内一のジンジャー、ヘリコニアの熱帯花きの産地であるが、他の農作物同様課題を抱えており、その克服に向けて関係者一同取り組んでいるところであります。

中長期的に取り組む共通する課題としては、①自然災害（台風、干ばつ）に対応する防災農業の確立　②市場への輸送コスト高　③生産農家の高齢化　などであります。また短期的には、栽培施設の整備促進、病害虫防除等があげられ、補助事業の導入や新技術の導入により、課題解決に向けて関係機関、生産農家

Ⅳ－図５　ジンジャーの実績及び計画

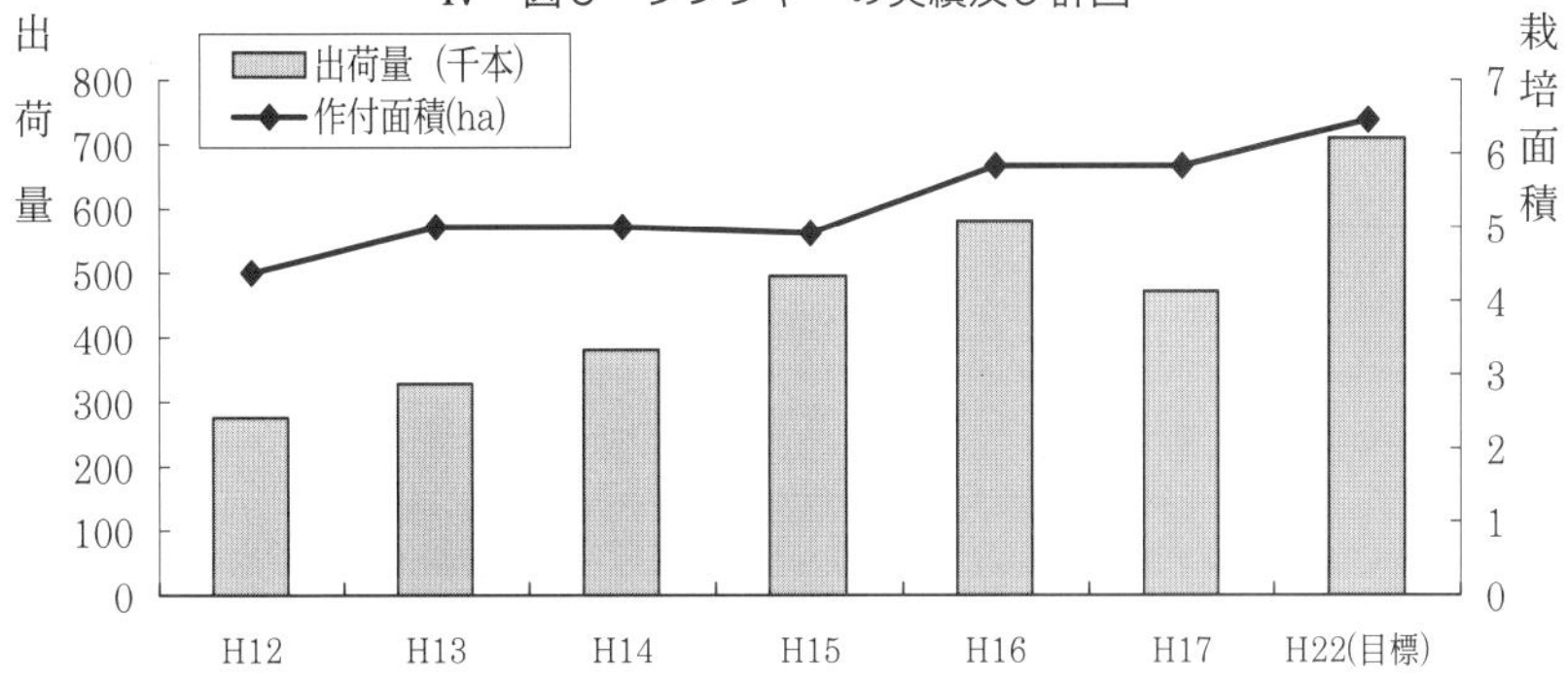

Ⅳ－図６　ヘリコニアの実績及び計画

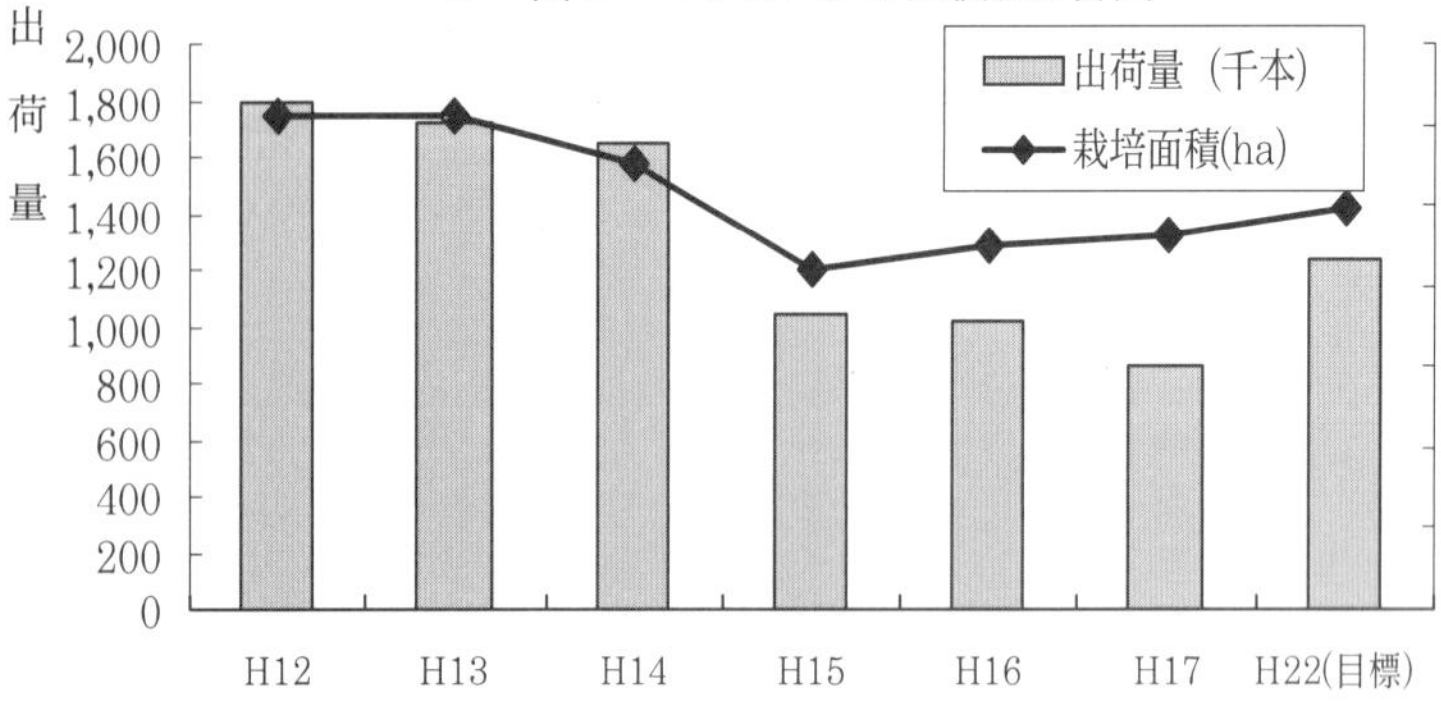

一体となって情報を共有し、連携を深め、責任産地としての役割を果たすよう取り組んでいるところであります。

（２）産地化に向けた取り組み

先に述べた中長期的、短期的な課題を解決するために産地協議会の開催はもとより現地検討会、栽培講習会、情報交換会の開催、産業まつり等への参加による島産熱帯花きのＰＲ活動、フラワーアレンジメント講習会の開催を通して行動する産地協議会を目指しています。

（３）今後の展開

販売に関しては、出荷団体が三団体と個人販売があり、出荷体制が多様化しているという課題もあります。その一方でジンジャー、ヘリコニア等のトロピカルフラワーは最近の市場、消費者ニーズが高い傾向にあります。また、防災農業を確立するため、防風林の整備や栽培施設の近代化に取り組むと共に新技術やジンジャーのゲットウ輪紋病等の展示圃を設置するなかで、熱帯花きを通じて、消費者、実需者に夢と安らぎ癒しを与えられような産地づくりに取り組みます。これらを踏まえて、今後は生産者の意欲向上を図りながら、産地協議会を中心に関係者一体となって課題をクリアし他地域のモデルとなるような産地を目指しています。

三　石垣市パインアップル産地協議会の取り組み状況

沖縄県へのパインアップルの伝来は、琉球王朝時代の一八六六年にオランダの漂流船から流出した苗が石垣島に漂着したのが最初のようです。その後一九三〇年代に日本統治下の台湾でパインアップル缶詰加工業に携わっていた人々が石垣島に集団移住して生産を開始しました。

（1）パインアップル生産の現状

八重山地域におけるパインアップルの生産状況は、平成八年の加工工場閉鎖により加工用原料の出荷量が激減した事に伴い、生食用の割合は二一パーセント（平成八年）から九〇パーセント（平成十七年）になり生果主導の傾向にあります。近年では、生食用品種のボゴールやソフトタッチの導入により出荷販売期間が拡大され、生食用としての出荷販売が増えています。四月から生果用品種の出荷販売が始まり七、八月にピークとなる自然果の生果用販売は消費者からも好評で需要は高く、今後も有望と考えられます。

また、平成十三年度には甘くて酸味が少ない秋向け品種サマーゴールド（沖縄六号）、甘くて酸味もある夏向け品種ゆがふ（沖縄七号）が生食用品種として登録された事により春から秋に出荷販売期間の拡大、品質向上、生産量の増加が今後も期待されます。県内有数の産地であり、生果用出荷の割合も高いことから、平成十九年八月一〇日県知事より県内二番目になるパインアップル拠点産地認定を受けました。

Ⅳ－図７　パインアップルの実績及び計画

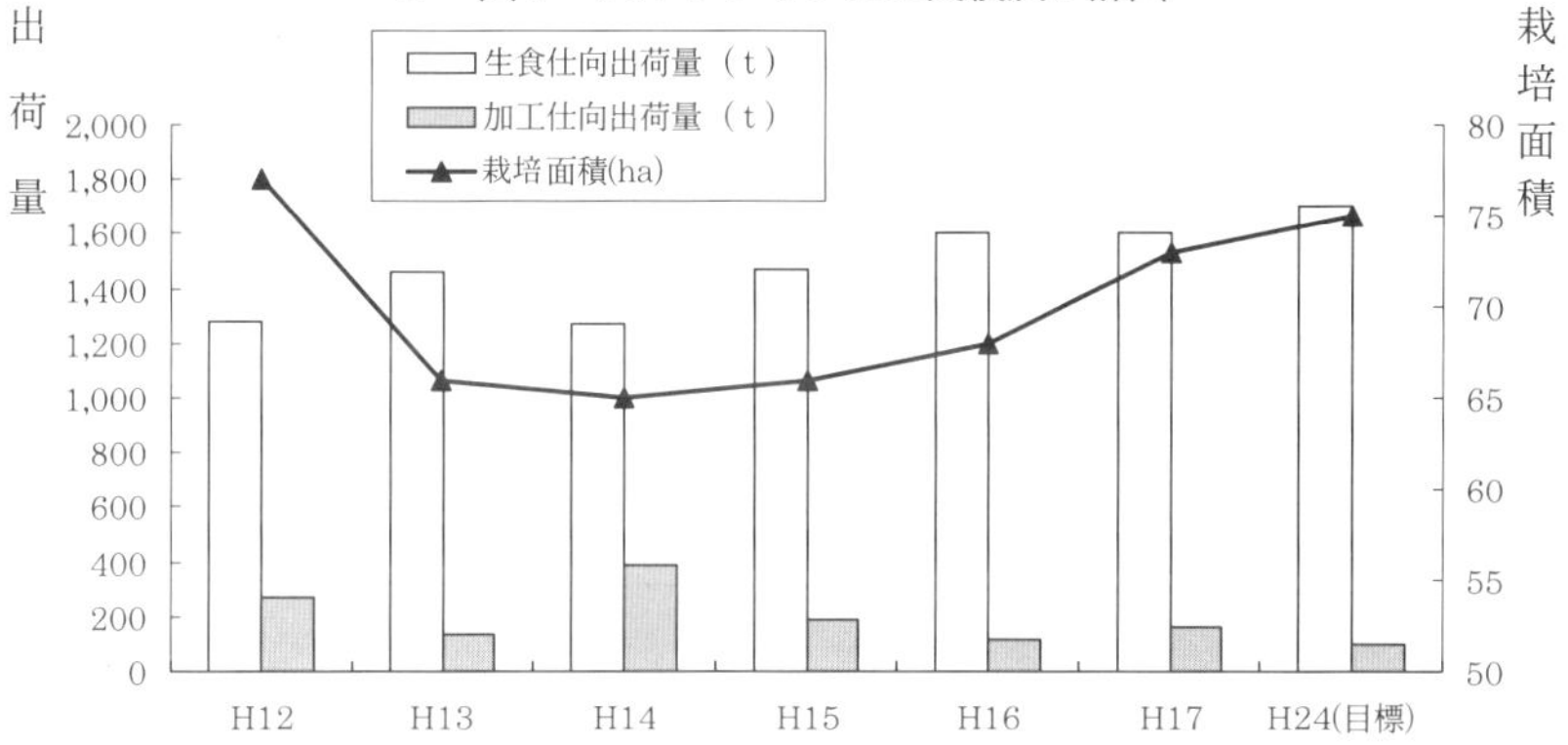

（２）拠点産地の現状と課題

石垣市における平成十七年の栽培状況は栽培面積七三ヘクタール生産量一八三〇トンで前年に比べ栽培面積、収穫量、出荷量共に増加が見られました。また県内に占める八重山のシェアは栽培面積で二三パーセント、生産量で二一パーセントです。

パインアップルの安定した生産・出荷体制の確立のためには、①生産技術の向上による生産性の向上②出荷・販売における対策　③生産基盤の整備などが課題としてあげられます。

①の課題については、輸入品の品質向上に対応するための栽培技術の高位平準化を図り、外観の悪化を防ぐため日焼け防止資材の普及、有害鳥獣対策を徹底する。また、機械化の推進による適期植付、開花調整及び早・晩生品種の組み合わせにより収穫期の拡大を図る事で労働力を配分し規模拡大をめざします。

②については、ＪＡ出荷、契約販売、ゆうパック、ネット通信販売等の販売を行っており、販売方法が多様化しています。現在、消費者からは、安全・安心な商品が求められているため、生産者に対し生産履歴（トレーサービリティ）の徹底を図り、産地自ら安心・安全をＰＲしていく必要があります。また、中長期的には石垣市パインアップルのブランド化推進のためには、大枠くくりの一元集出荷の確立をしなければならないと考えます。

③については、高品質のパインアップルが生産できる環境は、島内では限られており、適地適作が割合徹底しています。また毎年、来襲する台風、干ばつに備えて防風林の整備ないし干害施設の整備を早急に図る必要があります。

（３）産地協議会の活動内容

平成十九年六月に、石垣市パインアップル産地協議会を設立し活動を展開してきています。

石垣市パインアップル生産振興協議会の推進専門委員会との合同会議で夏場におけるパインアップルの生産量、種苗、増殖品種構成の平準化、ポジティブリストの徹底についての意見があり、今後、産地協議会の中で検討する事が確認されています。

また、販売対策ではＪＡによる「第五回パインアップル祭 in やいま」を離島ターミナルで開催し市民や観光客に対しパインアップルの無料試食を行いました。市民、観光客からは「とても美味しい」「ジューシー」ととても好評でした。

（４）今後の方向性について

現在、石垣市のパインアップルの栽培面積の割合は、Ｎ67－10（ハワイ種）が七〇パーセント近くを占め、ボゴール種が二五パーセント、ソフトタッチ五パーセントとなっており、収穫時期がマンゴーの出荷最盛期と重なるため、農家から要望の多い早生で優良品種であるボゴール、ソフトタッチの種苗の確保を図り、今後はＮ67－10を五〇パーセント、ボゴール、ソフトタッチ等の早生品種を五〇パーセントの品種構成を目指します。

今後の取り組みは、パインアップルの美味しい時期（四月～八月）をインターネット・広報誌等で消費者にアピールし産地のＰＲを実施します。生産農家に対しては、石垣市パインアップル産地協議会を中心に栽培指導、収穫時期、選果選別の基準を設け、生産者の意識改革を図りパインアップルの安心・安全・

新鮮で安定的な供給ができるような産地化を図ります。

四　与那国町長命草（ボタンボウフウ）産地協議会の取り組み

日本の最西端に位置する与那国の農業は、さとうきびを主体に水稲、畜産を組み合わせた経営が中心です。しかしながら、島の農業を取り巻く環境は大変厳しく、このため、平成十七年三月与那国の「与那国自立へのビジョン」を柱の一つとして、島で古くから「滋養強壮・高血圧・動脈硬化・リュウマチ・痛風・風邪」に効くと言われ、薬膳料理、シンジムン（煎じ物、煎じ汁）として食されていた長命草（ボタンボウフウ）を島の起爆剤と位置づけ、町長を先頭に官民一体となって「長命草の特産品」に取り組む事にしました。

ここで、長命草はどのようなものか説明します。和名はボタンボウフウといい、セリ科の植物で古くから珊瑚石灰岩及び海岸等に自生しています。畑で栽培しても成分比較はほとんど差がありません。抗酸化成分（カロチン、ビタミンE、ビタミンB_2、ビタミンC等）を多く含んでいます。

（1）産地協議会の取り組み

平成十七年十一月に、関係機関、生産者が一体となって拠点産地形成に向けて、生産技術、出荷体制等の課題解決に向けて、信頼できる産地ブランドの確立及び生産農家経営の安定向上に寄与する事を目的に、与那国町長命草（ボタンボウフウ）産地協議会が設立され推進体制が整いました。

与那国町の長命草

以前から健康食品として長命草に注目していた杉本和信さんが十六名の生産者と契約し約八・五ヘクタールで長命草が栽培されています。年間当たり約二〇トン生産し生菜を買い取り、与那国薬草園でこれを洗浄、チップ加工、乾燥処理（一次加工）し、兵庫県の業者で殺菌、滅菌、粉末製造（二次加工）後、県内外業者数社で製品研究開発、パッケージ開発、マーケティングリサーチ、クレーム処理などの役割を分担し、商品化をした「長命草青汁」「長命草茶」を平成十七年十一月から順次全国販売しています。

また、島内限定として「そうめん」「そば」「カステラ」「ちんすこう」「クッキー」「ロールケーキ」「コンニャク」等を販売し、観光客などから好評を得ています。

（2）今後の展開方向

長命草の生産が順調に成長している中、その栽培面積は長命草産地協議会における議論の結果、さとうきび生産を圧迫しないよう上限一〇ヘクタールと決められ農地は確保されました。また現在ボタンホウフウが与那国の特産物として広く知れわたったのは平成一〇年度に与那国商工会が「長命草」の商標登録を取得した事も大きな要因であります。

現在は官民一体となって、今後の原料の安定供給品質向上を図ると共に、有機栽培などの栽培マニュアルを作成のため、八重山農政・農業改良普及センター、同与那国駐在及び与那国町役場を中心に県の補助事業を導入して長命草展示ほ場を設置しデータ作りを行っています。また、新たな商品開発・販売の拡大、他の野草を使用した商品開発、体験農業（工場）の設立、農業生産法人化などを予定しています。

（３）残された課題

栽培当初、長命草の苗作りがうまくいかず、試行錯誤しながら徐々に安定した苗作りの確立へ動いています。また良質の原料確保のため、親木も三年で更新するようにしています。

生産農家、加工・販売関係との連携も順調で、付加価値の高い商品としての評価も高く、販売実績も確実に伸びてきています。また、生産者の意欲も高まり、安定生産・品質向上の取り組み、遊休地の活用など与那国町の起爆剤としての効果を上げています。さらなる栽培技術の改善を図り、品質・単収の向上に取り組む必要があります。

一次加工施設では今後の計画に十分対応できない事から、平成二〇年に国、県の補助事業を活用し、加工場の充実、規模拡大に向けた準備を進めています。今後とも与那国町の「自立へのビジョン」の下、長命草を県内外へアピールし評価を確立し、ブランド化を強化していく具体的な戦略作りが重要です。

まとめ

これまで、八重山地区で拠点産地に認定された四産地協議会の取り組み状況、育成計画、今後の課題を述べてきましたが、これらの産地に共通する点をまとめてみたいと思います。

従来、八重山地区は亜熱帯の南限といわれてきましたが、最近の地球温暖化の影響で気温も上昇気味で、また台風の襲来も多くなってきています。これら地球温暖化に対する農業技術の深化、研さんが当然なされなければならないと考えます。

中長期的な共通課題として、①自然災害(台風)に対応する防災農業の確立 ②生産農家の高齢化に対する取り組み ③市場への輸送コスト高、生産資材のコスト高への取り組み ④生産基盤の条件整備 ⑤自然環境に配慮した生産技術の確立等があげられます。

また、短期的には、各作目にあった栽培施設の整備促進、病害虫防除、土作りの推進、生産技術の向上があげられ、各産地協議会別の現地検討会、講習会、説明会などを通して、補助事業、新技術の導入により課題解決に向けて関係機関、生産農家が一体となって情報を共有化し、連携を深め責任産地としての役割を果たすよう取り組みを強化していかねばならないと考えます。

さらに、これから有望視される熱帯果樹・野菜等の産地協議会の設立、拠点産地への認定を行いながら、消費者により安心・安全で新鮮な農作物を供給できる安定的な地域（産地）ブランドを確立していきたいものです。そのためには、生産農家はもちろん、行政、ＪＡ、出荷団体等の関係機関のより一層の連携強化と各産地協議会での関係機関の役割分担の明確化と活動の活性化が重要であると考えます。

（二〇〇八年二月記）

五　なぜ今、島野菜か

久しぶりに石垣市に住んで、食生活、街の風景に不思議に思う事がいくつかあります。一つ目は、平日の初夏の夕方、ファースト・フードで列をなしている主婦、若人の姿です。二つ目は、先日オープンしたファースト・フード店には初日から七〇〇名の人達が立ち寄ったという事です。三つ目は、石垣島に二四時間オープンのコンビニエンス・ストアが十六店もあり、また居酒屋も多数あり夜遅くまで賑わっている事です。

時代の変化とともに、食文化、食生活の様式が変わっていくのは、当然の事ですが、また、伝統的に受け継がれてきたものを残す事も大切な事だと思います。食事による治療の医学的根拠、マクロビオテックの基本的考え方の一つが医食同源の思想、すなわち地域に根差した伝統的な食生活を守る事によって健康を維持し、病気を治療するという考え方は、有史以来の人類の食生活経験に基づくものです。人間の味覚、ないし食生活の習慣は十二才頃までに形成されると言われています。それまでの食生活がいかに大切か、今問われてきているのです。ここでは、アメリカと日本での野菜摂取、日本型食生活の動き、肥満の原因と生活習慣病、八重山で生産されている島（伝統）野菜等を紹介し、島野菜が今一度見直され、生産振興に結びつく事を願いたいと思います。

一　病めるアメリカ、その一方で

アメリカ社会の病理が特に顕著に表れてきたのは、一九七〇年代になってからだといえます。一九六〇年代初頭から一九七五年にかけて、アメリカ政府は南ベトナムのサイゴン政府に肩入れし、一、五〇〇億円の戦費と、ピーク時には年間五四万人の兵士を投入しましたが、五万八四〇〇人の戦死者を出し戦いは敗北に終わりました。ベトナム戦争に参戦した多くの若者たちの中には、復員後、社会にうまく適応できずマリファナをはじめとする薬物に頼ったり、アルコールに溺れたりするものも多かったようです。また、若者の自殺は一九五〇年から八〇年にかけて倍に急増しています。一方、精神障害もこの時期、アメリカ社会に激増し、アメリカ厚生省は国民の十五パーセントが精神病に冒されている事を認めています。この傾向は大都市で目立ち、ある研究によるとニューヨークの住人の二五パーセントが抑鬱、ノイローゼ、病的恐怖症など何らかの精神障害を抱えていると言われています。

その一方で、アメリカでは健康、食に対する関心が高まってきています。食品業者が日本型食生活をモデルにして特に野菜と果樹の消費量を伸ばしているという運動が拡がっています。「ファイブ・ア・デイ」一日、五単位（五〇〇グラム）の野菜、果樹を摂取しようとの運動の効果があり、二〇〇〇年（平成十二年）には、米国人一人年間の野菜の摂取量が日本を追い越し一一六キロとなった報告もあります（日本は一〇二キロ、その後減少している）。

二　平均寿命から健康寿命の時代へ

我が国の平均寿命は、戦後の食生活の欧米化に伴って、食肉や牛乳の摂取量が増えて栄養値が良くなりました。第二次世界大戦後以降、急激に延びています。（昭和二二年：五三・九才、平成十二年：八四・六才「女性の平均寿命」）平均寿命が延びる事は喜ばしい事ですが、単に寿命が延びればよいというわけでもありません。

二〇〇六年六月、ＷＨＯでは世界各国の健康度を示す指標として、平均寿命や乳児死亡率に加えて健康寿命を取り上げています。これは「健康障害を持たずに生きている期間」という意味を表しています。またＷＨＯの健康指標の一つであるＱＯＬ（クォリティ・オブ・ライフ）「生活の質」では、定期的な健康度が要素としてあげられています。最近、健康寿命をいかに長く維持するかが大きな課題となっています。生活の質（ＱＯＬ）を考慮した健康の質が問われているのです。今のところ、この健康寿命においても日本は世界で一位となっていて、寿命の長さ、質においては優れた寿命国なのです。

現桜美林大学教授の柴田博氏らの調査によると食肉類、野菜、果樹類を積極的に食べている人の方が、鬱状態が少なく、生活満足度（ＱＯＬの要素の一つ、主体的幸福感にあたる）が高い傾向にある事がわかっています。野菜、食肉、果樹をはじめ、多様な食品をバランスよく食べる事が、心身ともに健康を維持できる事を示唆する結果であるといえます。

三　肥満の原因と生活習慣病

成人のみならず最近では、子どもの肥満も増加しています。ある調査で早食いが肥満の元凶である事がわかってきました。肥満を防ぐには栄養バランスがとれた食事を心がけると同時に、ゆっくりよく噛んで食べる習慣を身につける事が大切なのです。子どもの頃から食習慣を正せば、成人になっても肥満を防ぐ事ができるはずです。その為の一つの方法として、肥満防止効果が期待でき、噛まずに食べるのが難しい納豆を常食する事は非常に有効な手段だといえます。納豆には食物繊維が豊富で、低カロリーであり肥満を防ぐ食品の一つなのです。

子どもの早食いは肥満のもと。これを裏付ける興味深い研究発表がありました。ライオン歯科衛生士研究所と東京歯科大学は「肥満と食習慣」の関連性を研究しており、八重山地区の小学五年生に食事に関するアンケートを実施、その結果「早食いする子どもほど肥満になりやすい」という結果が出ました。調査は八重山地区の小学五年生（男一三七人　女一一九人）を対象に、身長・体重測定とともに食生活に関するアンケートを実施。肥満の指標は学童の肥満度指標指数を用いました。調査結果では、ローレル指数で「太りすぎ」と判定されたのは、男子十二・四パーセント（全国平均八・六パーセント）女子九・二パーセント（同六・八パーセント）であり、全国平均から見ると八重山地区はやや肥満傾向になります。

食生活と肥満の関係では、他人と比べて食べるのが早いと回答した子どものローレル指数は一四一、逆に遅いと回答した子どもの平均は一二五でした。

大人の肥満は、生活習慣病の大きな要因です。子どもでも同じ事で、肥満は生活習慣病の危険因子なのです。子どもの肥満の原因は大きく次の三つに分かれます。①過食　②運動不足　③肥満しやすい体質。過食を含めた食習慣の見直しが肥満防止には最も重要な要素です。肥満の子どもの食生活を見ると、カップ麺、揚げ物、スナック菓子といったコンビニ食品やファースト・フードなどの外食を好む傾向があります。これでは、動物性脂肪、糖分の摂取過多になり、栄養バランスが崩れてしまいます。さらに、朝食を食べない、間食が多い、早食いなどの傾向も見られます。こうした食生活の見直しが子どもの肥満を防ぐためには必要です。

では、どういう食生活が良いのでしょうか。①一日三回規則正しい食事を心がけ、朝食は必ず食べる。②腹八分を意識させる。③ゆっくりよく噛んで食べる。④おやつなどの間食は取りすぎない。⑤肉に偏らず野菜も多く食べる。⑥ジュース類を飲み過ぎない。これらを守るだけでも肥満はかなり予防・改善できます。そのうえで、納豆の常食を心がければ、より一層の栄養バランスがとれ、子どもの健康にも大きくプラスになります。

四　野菜食が日本を救う「少肉多菜」

一九九〇年にアメリカの国立研究機関が「デザイナーフーズプログラム」という名称で健康に役立つ四〇種類の食品を選定しました。

その中で上位に挙げられたのは、ニンニク、キャベツ、大豆、ショウガ、ニンジン、セロリ、ブロッコリー、ケール、タマネギ、ウコンでした。

有用性が期待できる健康野菜として、カボチャ、ほうれん草が注目されています。他に、ムラサキイモ（甘藷）、パセリ、モロヘイヤ、赤キャベツ、ナス、カリフラワー、ピーマン、みかん、茶、全粒小麦、玄米、大麦、エン麦、ジャガイモ、キュウリ、バジル、タラゴン、ハッカ、オレガノ、タイム、ローズマリー、セージ、メロン、セリです。

厚生労働省が二〇〇〇年に発表した「21世紀における国民健康づくり運動『健康日本21』」によると、成人の全世代において野菜の摂取量は目標量に達していません。特に、二〇～三〇代の摂取量は目標値の七〇パーセントという状態です。

二〇〇五年七月に施行された食育基本法、この法律が制定された背景には、朝食などの欠食などの食習慣の乱れ、野菜の摂取不足、食塩、脂肪の取りすぎ、肥満や生活習慣病の急速な増加といった問題があります。なかでも、野菜不足が懸念されていますが、その要因は何でしょうか。またそれを解消するにはどうすれば良いのでしょうか。

現在の食事は、動物食品を多食し、加工食品をはじめ画一的に供給されています。人工的な物を食べ、生活習慣病の増加、精神的・社会的病理を生み出しています。食の簡素化、外部化が進んでいますが、コンビニや外食には野菜を使った品目が少ない。食生活の乱れが原因の肥満や生活習慣病の低年齢化が目立ち、子どもや若者を取り巻く食の問題は山積しています。

健康な体づくりにおいて、食生活で大切な役割を果たしている野菜は、ビタミンなどの供給源、ないしは生活習慣病の予防の観点から、ますますその重要性が高まっています。

栄養からみた食品の類別は、タンパク質、カルシウム、カロチン、ビタミンC、炭水化物、脂肪に分け

Ⅳ－図８　活性酸素による疾病発生と野菜の抗酸化性

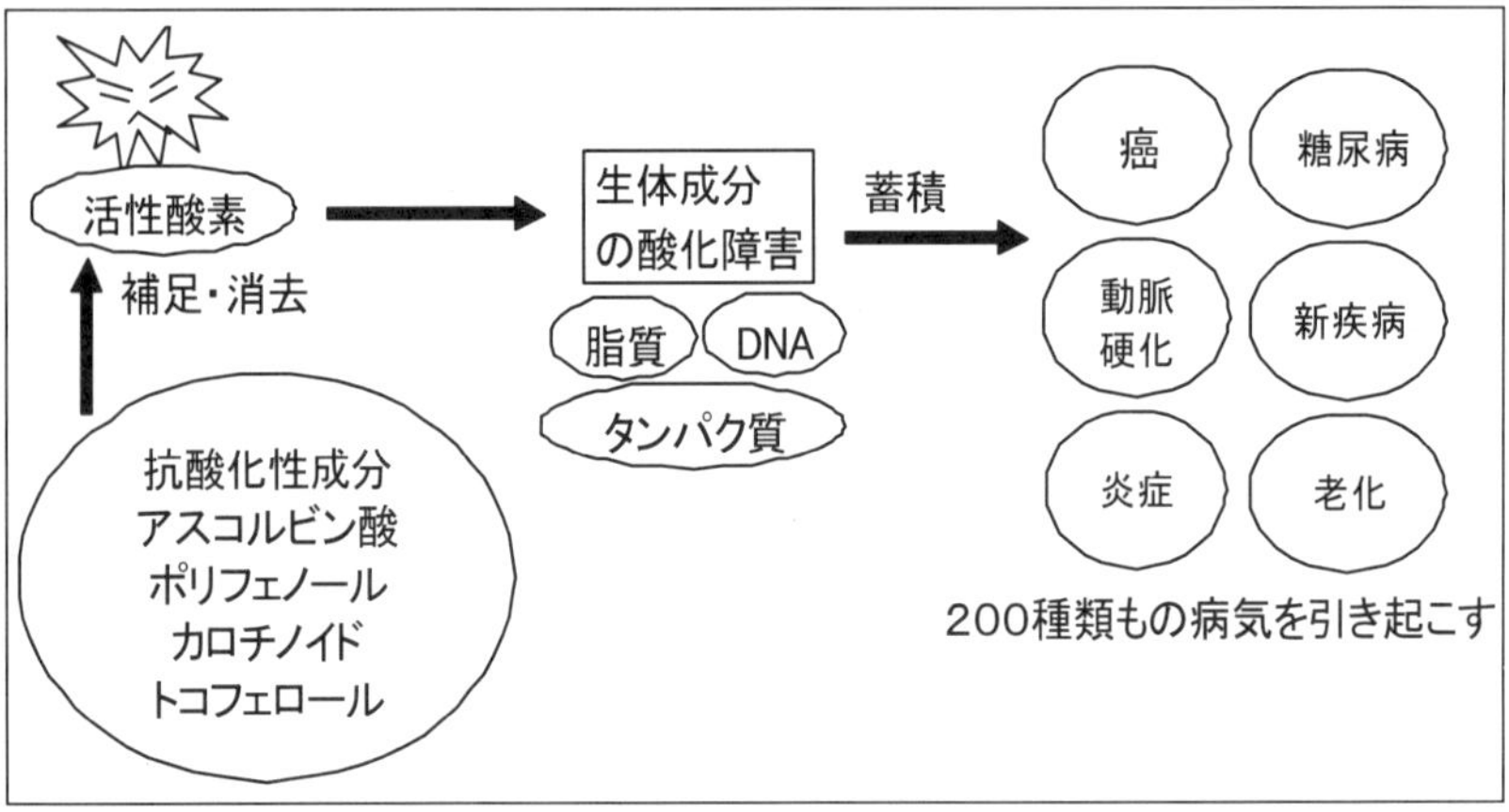

られます。食品の機能性は一次機能としてエネルギー源として栄養面の働き、二次機能としての味、香りなどの嗜好面での働き、三次機能としての病気予防などの生体調節面での働きがあります。野菜には、栄養、嗜好性、生体調節機能があり、主な栄養分としては、ビタミン、脂肪（ミネラル）、組織素（ダイエタリファイバン）が含まれ、抗酸化物質を含む物質が多数含まれています。（Ⅳ－図８参照）アスコルビン酸（ビタミンＣ）ポリフェノール（アントシアン）など。

一九六〇年代の日本の食事と食材は、栄養学的に世界の健康食モデルといわれています。日本食の基本として一汁三菜をあげ、主食はご飯を中心に糖質を確保、主菜は肉・魚・卵・大豆・乳製品からなり、タンパク質や脂質を確保できる。副菜はビタミン、ミネラル、食物繊維が豊富だと特徴づけられていました。

すべての生命は、地球上に誕生した時から生命維持のため、大気中の酸素を利用してきました。しかしこの大事な酸素は体内や細胞内に入るとその内の二パーセントは「活性酸素」という毒になり、これがガンをはじめ、糖尿病、動脈硬化、心臓病、高血圧、脳梗塞、肺気腫などの生活習慣病を起こすほか、アレルギーや老化にも関与する悪玉だというのです。この悪玉の消し役が、だ液の中に含まれる酵素です。つまり早食いせず、よく噛んで食べる事が大切となるのです。一口三〇回噛めば活性酸素が十分消されるとの事。病は口からのたとえもあります。何でも食べるという事ではなく、それこそよい食品を選び、それをよく噛んで食べる習慣をつけるという自衛手段が健康を守り、維持する上で重要なのです。

五　沖縄の伝統食と島野菜

体とそれを作る食物を生む土地は切り離す事はできないという考えの「身土不二」という言葉がありま す。欧米では、今、日本食が健康食として見直されブームを呼んでいます。しかし日本食といっても画一的なものなど存在しません。東西南北に広がったそれぞれの風土によって規定され、多様に満ちています。沖縄には、沖縄の風土ならではの伝統食文化がありますが、一方で、長期にわたり米国の占領によって持ち込まれた欧米の食生活に慣れ親しんだ世代がいます。

先進諸国の健康問題の一つに肥満問題があります。先に述べたように八重山地区の児童の健康診断の結果から見ても、沖縄県は男女とも特に青壮年を中心に全国一の肥満県なのです。石垣市で男女ともメタボリック症候群（内臓脂肪症候群）の割合が県全体を上回るなどの調査結果が出ています（「八重山毎日新聞」二〇〇八年二月五日）。今、沖縄県では若い世代を中心とした肥満が解決されるべき重要な健康問題なのです。

「フード（食物）は風土」という考え方で、近くで採れた旬の野菜をたっぷり使い、素材の持ち味を生かす「陰陽調理法」というのがあります。また沖縄の伝統食の中核を成していた薄味で調理した野菜を多く取る事が推奨されています。しかし、問題は単に健康食に切り替えれば良いといった事では済みません。現代の健康問題の解決には、国民が安全な野菜をどれだけ取るかにかかっているといえます。豊かな食生活、多種類の野菜から多様な成分を取る事による身体機能の維持を考えた場合、一番いい方法は自分で安全な野菜を作る事がベストの選択だと言えます。

まとめ

沖縄県では平成十七年度に伝統農産物振興戦略策定調査事業が実施され、伝統野菜二八品目の機能性等についてデータベース化され公開しています。また当農政・農業改良普及センターが支援する生活研究会では毎年島野菜の料理展示交換を開催し、島野菜の栽培、料理法の普及に努めています。

沖縄は薬草の宝庫と言われており、健康な長寿者は、庭に繁茂する野菜や薬草を毎日摂取しています。近年の研究で、これらには抗酸化物質や抗ガン作用のある生活習慣病の改善、効果、特殊成分が豊富に含まれている事が分かってきています。沖縄の伝統的食生活には、抗酸化物質の高い食材としては、ニガウリ、ニガナ、ヨモギ、長命草、ウイキョウ、島ニンジンがあります。薬効のある食材は、ヘチマ、スイゼンジナ、ヤエヤマカズラなどがあります（Ⅳ－図９）。

ポリフェノールを含む食材は、紅イモ、紅コウジ。ミネラルたっぷりの沖縄の海藻類（紅藻、褐藻、緑藻類）等、これらの食材を日常的によく摂取しています。また、昆布も行事食や食卓によく用いられます。

Ⅳ－図９　活性酸素による疾病発生と野菜の抗酸化性

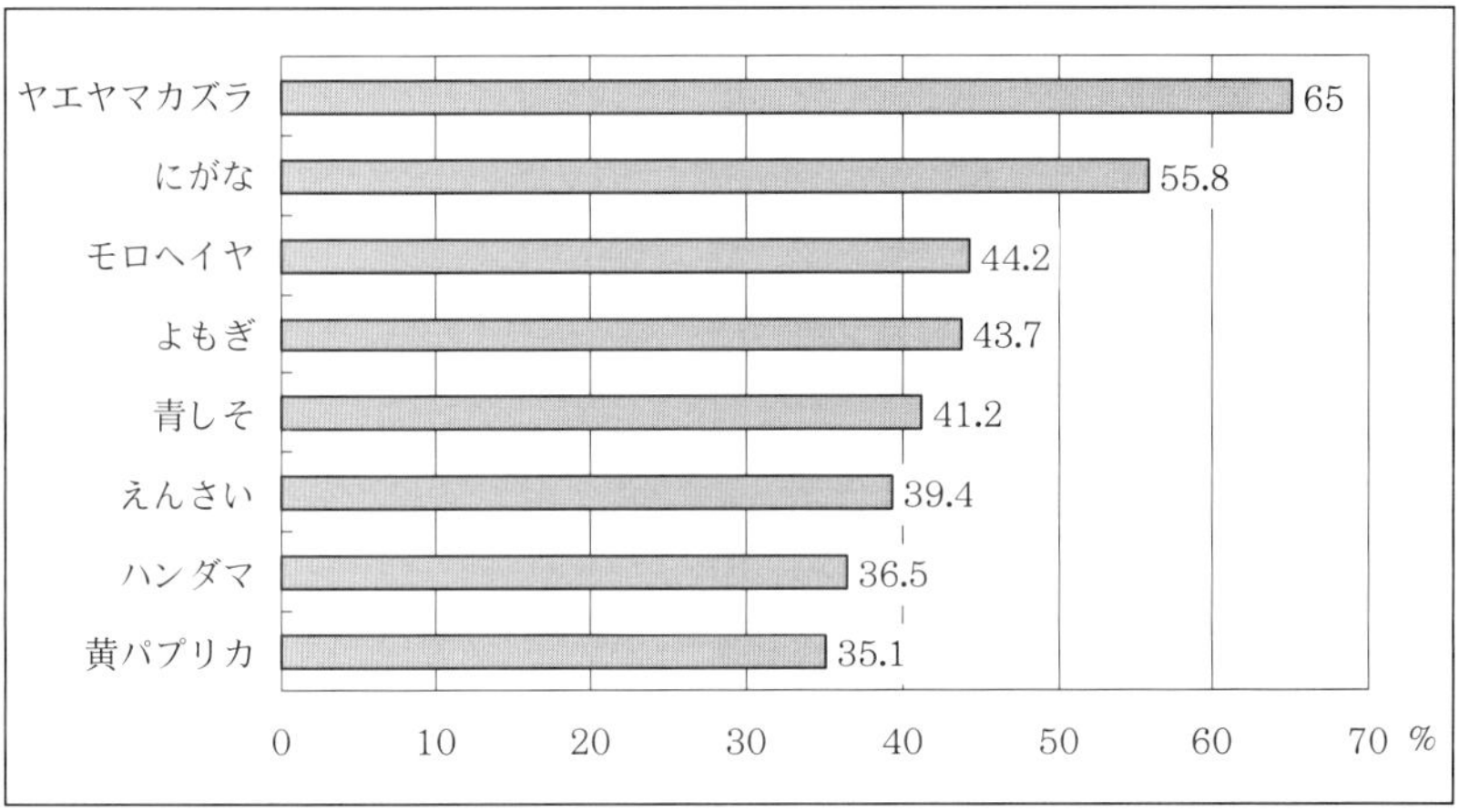

健康・長寿の根底には、伝統的な食生活と食文化があります。今こそ、沖縄の伝統的な食生活（文化）の見直しを早急に行う事が大事ではないでしょうか。島（伝統）野菜とは、①食生活に馴染み、戦前から食されている ②食文化、郷土料理に利用されている ③種子等が自家採取され長年栽培されている ④沖縄の気候、風土によく適合しているものと考えられます。

さあ、今日からあなたも、地域で採れた栄養価の高い、植物繊維を多く含んだ野菜、食材を多く摂取し、適当な運動、休養をとり健康・長寿を目指そう。

（二〇〇八年四月記）

※ 抗酸化力

生活習慣病の発生や悪化、ガンなどの様々な疾患の発生に関与している現象が酸化ストレス障害で一般的に「身体がさびる」「老化」の原因といわれている。これらの酸化ストレス障害を抑える能力を抗酸化力と言う。

沖縄県産食材にはこの抗酸化力の高いものが多い。

六　愛媛県今治市・内子町における地産地消の取り組み状況事例調査

近年、牛肉の牛海綿状脳症（ＢＳＥ）や鳥インフルエンザの発生、野菜のＯ―157問題や農産物偽装表示、農薬残留等の問題が相次いで生じ、消費者の農産物の安全性に対する関心が高まっており、農業者は安全な農産物を安定供給する事が求められています。食料自給率、環境問題や食の安全性への意識の高まりがからみ、最近は原油価格高騰でも注目が集まる地産地消が国内、県内でも、ファーマーズマーケット、道の駅等の直売所を中心に展開され活況を呈しています。

八重山においても二〇一〇年（平成二二年）四月を目途にファーマーズマーケットの開設の動きがあります。そうした県内の直売所の取り組みは千差万別であり、常設市から月一回の青空直売所的なものまであり、学校給食、地域の農業振興には十分に寄与しているとは言えない部分もあります。

そこで、今回は二〇〇五年に愛媛県今治市と内子町の地産地消の取り組み状況・直売市を調査した事例と今後の八重山地区の地産地消、直売市のあり方について述べます。

Ⅰ　地産地消とは何か

一　地産地消とは

地産地消とは、地域で生産された農林水産物を地域で消費する事をいい、ここでの地域とは市町村単位か、四里四方と考えます。地域（地元）で生産され安全で新鮮な農林水産物である事、美味しく栄養があればなお良いでしょう。

地産地消運動は単に、生産消費だけでなく、地域の食文化や伝統を見つめ直し、経済成長で失った地域資源を取り戻し、地域が向上するための運動と見る側面もあります。

二　地産地消の定義

①地産地消の定義

地産地消運動は、「身土不二」の考えや「住んでいるところの四里四方のものを食べて暮らせば健康でいられる」という考えに由来します。地産地消活動は地域の生産者が栽培、収穫した物を地域の消費者が買う事から始まり、地域の需要に応じた生産・供給を行い、生産者と消費者を結びつけるものでもあります。

また、生産者の顔が見え、安全・安心で新鮮・安価な物が購入できる事が必要です。

②地産地消活動の全体的内容

地産地消活動は大きく二つの役割をもっています。ひとつは、農産物やその加工品の販売取引などの経済活動の役割と、他方は、消費者や子供に対する地域農業や食文化等について啓発する教育的役割です。

前者の活動には、次のようなものがあります。

ア　直売所などの各種の地域ビジネスの促進
イ　地域内流通の促進と外へ向けた有利販売の戦略的展開
ウ　特別農産物栽培や有機農業を取り入れた農業経営の革新
エ　情報技術（ＩＴ）を活用したネットワーク化、コミュニケーション促進

後者の活動には、次のようなものがあります。

ア　子供（親を含む）に対する食農教育
イ　食生活指針やスローフード運動、食と農の安全・安心のための消費者教育・啓発
ウ　地域を挙げた需要促進活動（地域版ファイブ・ア・ディ運動）
エ　各種の地産地消促進手段の開発・促進と地域イベント（体験・講習・コンクール）やグリーンツーリズムの推進

③対象範囲（地理的）等

対象範囲は市町村単位と考えて良いが、石垣市の場合、物流の範囲を考えれば、石垣市を中心とした八重山地区全体ととらえても良いのでは、と考えます。

三　地産地消の意義

地産地消の意義は次の七つの側面から考えられます。

（1）農政……地域農業の振興、遊休農地の増大の歯止め
（2）生産者……多品種少量型（高齢者、女性中心）販売促進、農業所得の向上、やりがい
（3）消費者……顔の見える農林水産物の購入、安心感、新鮮さ、美味しさ、相対的な安全性
（4）環境……輸送距離の短縮による環境負荷（CO_2）の削減、農薬使用量の減少
（5）経済……地域経済の循環、ローカルマーケットの創出
（7）食育……食育力のある食材、献立

Ⅱ　「地産地消と食育」の取り組み――愛媛県今治市の事例

一　食糧の安全性と安定供給体勢を確立する都市宣言

地産地消の推進に加えて、有機農産物を学校給食に積極的に導入して注目を集める自治体があります。「タオルと造船と高校野球のまち」として知られたきた愛媛県今治市です。「今治市は市民に安定して安全

な食糧を供給するため、農畜産物の生産技術を再検討し、必要以上の農薬や化学肥料を抑え（中略）広く消費者にも理解を求め、市民の健康を守る食生活の実践を強力に推し進める」。

今治市議会が一九八八年三月議会で可決した「食糧の安全性と安定供給体勢を確立する都市宣言」の一節です。いわば市による「地産地消」宣言で、二〇年前という時代を考えると、その思想は先進的です。「有機農業の里」として有名な宮崎県の綾町も同じ年に「自然生態系農業の推進に関する条例」を制定しています。今治市の立花地区では一九八三年から学校給食に地区で生産された農産物を導入してきた実績があります。その後も今治市は、減農薬栽培した地元産のコメや小麦、大豆などを学校給食に使い始めたほか、農業の担い手育成のため、実践農業講座を一九九九年から開設しています。宣言を単なる作文で終わらせないでいます。

二　これぞ、いまばりの学校給食

学校給食と農業体験の取り組み事例を紹介します。

（1）郷土食料理

（2）アイデア献立

二〇〇一年、地域食材の使用割合を高め、翌年には、子供の嫌いな野菜を使った献立を開発しています。

（3）自校式調理場

一九八三年から自校式調理場に移行し、現在、市では十二の調理場と一つの共同調理場で調達しています。中性の粉石けん使用、ステンレス食器の使用、給食懇談会の開催、生ゴミ処理機による残飯の堆肥化などを行っています。

（4）市の農産物を利用

米は一九九九年から特別栽培米を利用していて、豆腐も二〇〇二年から今治産の大豆に切り替えました。パンは半年分が地元産の小麦を加工したものが利用され、野菜は地元のものを優先的に使用し、有機野菜や特別栽培農産物を使用しています。

（5）有機農産物の使用

①立花地区有機農業研究会の取り組み

有機農業農産物の取り組みは自校式の調理場の建設に伴い、学校給食への導入が始まり、二〇〇四年には市全体の一五・六パーセントまで占めるようになりました。旬の野菜を中心に鶏肉、鶏卵などは五〇パーセントです。研究会のメンバーは有機農産物栽培（JAS）の認定を取得しています。

②学校給食無農薬野菜生産研究会の取り組み

今治市農業講座の修了者の定年帰農者、女性を中心に組織化された組織です。二〇〇一年より人参、玉ネギ、ジャガイモを学校給食へ供給開始しています。

（6） 農業体験等への取り組み

①農業体験（水稲、サツマイモの植付、収穫）

②給食感謝祭（手作りの感謝状を生産者に贈呈）

③学校有機農園（アイガモを利用）の設置

④学校農園でのれんこん掘り

以上が行政、教育委員会、学校との連携のもとに実施されています。

三　いまばり地産地消推進運動

（1） いまばり地産地消推進会議

今治市が地産地消に本格的に踏み出したのは一九八八年の「食糧の安全性と安定供給体勢を確立する都市宣言」以降であります。そこでは「必要以上の農薬や化学肥料を押さえ、有機質による土づくり基本とする生産技術の普及を図る」と宣言されています。

九八年には「安全な食べ物による健康都市づくり戦略」を打ち出す。安全な食べものの生産・流通・消費を拡大していくために、いまばり地産地消推進会議のもとに、①地産地消推進協力店の認証　②実戦農業講座の実施　③有機農園に限定した市民農園の設置　④有機農産物生産への助成　⑤リスクコミュニケー

ションの推進　④トレーサビリティの確立等を進めてきました。二〇〇三年に地産地消推進室も設置してきました。

（2）地産地消推進応援団のサポーターの特典

①今治で採れた新鮮で安全な農林水産物を「食べる」事で元気になります。

②「地産地消推進協力店」の情報や生産者情報、旬の食べ物情報、初物入荷状況、販売店情報などの情報をファクシミリ、携帯電話などで「食のメール」を配信します。

③お店で購入した食材や加工食品を「いまばり地産地消推進会議」に持ち込み、遺伝子組み換えや残留農薬等の簡易分析を無料で受ける事ができます。

④地産地消や食に関する様々なご意見をＨＰ上で自由に述べ、食に関する情報の提供や施策提言をする事ができます。

⑤講演会やイベントなどの情報を優先的にご案内しています。

四　環境保全型農業の推進

（1）エコえひめ

環境保全型農業の推進と地産地消の拡大を目指す今治市は、この方針を地域水田農業ビジョンにも活かしています。

市は、環境にやさしい栽培方法を、①「有機栽培」と国のガイドラインが定めた栽培、②「特別栽培」愛媛独自の認証制度、③「エコえひめ」栽培、の三種類に区分しています。特別栽培は、化学肥料と化学合成農薬をいずれも慣行栽培の五割以下に削減しています。

「エコえひめ」は、土づくりと化学肥料と化学合成農薬をいずれも慣行栽培の三割以上を削減しています。

（2）地産地消推進協力店

今治市の環境保全型農業は、地産地消の取り組みと密着しています。特に学校給食での利用に力を入れていて、週三回の米飯給食を使うほか、地元産小麦で作ったパンや有機栽培野菜を供給しています。さらに今治産農産物を広く市民にアピールするため、二〇〇三年十二月に「地産地消推進協力店」の認証制度を発足させています。

五　ＪＡ越智今治直売市「さいさいきて屋」の概要

（1）直売所の運営

①直売所管理規程、理事会決定

②ＪＡ越智今治農産物直売所運営要領、彩菜倶楽部役員決定

③ＪＡ越智今治彩菜倶楽部会則、彩菜倶楽部総会決定

（２）規程の内容

①目的

越智今治農業協同組合管内の農畜産物及び農産加工品を販売する事により、生産者と消費者との交流を深めるとともに、地域農業の活性化に寄与する事を目的とする。

②構成員

越智今治農業協同組合の組合員であり、入会申し込み書を提出した者によって構成する。入会金一〇〇〇円を入会時に徴収する。

③販売、精算方法

ポスレジを通った物のみ行い、日ごとに精算したものを月曜日から日曜日の七日間分をまとめて集計し、農協の指定口座に入金する。

④経営管理者

販売手数料は農産物は十三パーセントとする（バーコード一枚一円）。加工食品は十五パーセントとする（バーコード一枚二円）。

（３）要領の内容

①営業日

今治店は正月三日、富田店は正月四日、それ以外は無休とする。

②搬入方法

会員は常に会員証を携帯する。

搬入時間は午前十時までとし、残品引取りは、営業終了後個人で行う。

会で定めた出荷容器で品物ごとにバーコードをつけて出荷する。

③販売方法

販売価格は会員が設立し、単価については一〇円（税込み）単位で設定し、最低単価は五〇円とする。

（4）施設・会員の状況

平成十二年十一月二六日、さいさいきて屋オープン。

平成十四年二月二六日、Aコープ愛彩建設のため一時仮店舗移転。

会員七四七名で二〇〇品目の出品がある。加工三〇人。女性の会員が五一パーセント。

売上げ七億円、一日一〇〇〇人の来客数。

売上げの明細を三〇分おきに個人ごとに携帯電話にメールできる。

二〇〇七年四月に三三〇平方メートルの店舗を閉鎖し、新たに一五八〇平方メートルの大型店舗をオープン。体験型市民農園、地元産品を食材とするレストラン、加工施設も併設。

Ⅲ　販売情報管理システムを確立した直売所
――愛媛県「内子フレッシュパークからり」の取り組み

一　内子町の概況

愛媛県内子町は、松山市から南西に四〇キロ、人口一万一〇〇〇人の町で、総面積一二一・一七平方キロメートルのうち七〇パーセント以上が山村で占める典型的な中山間地の農村です。葉タバコや落葉果樹を中心とした農業は、地形的な要因から基盤整備が進まず、高齢化の進展とあいまって、厳しい経営環境にありました。

このような状況から何とか農業に活気を取り戻そうと検討、その活動の場として特産品直売所開設への期待が高まってきました。

二　農業の総合産業化をめざして

（1）新しい農業の芽生え

一九七五年頃から、国道沿線で果樹露天販売や観光農業に取り組む農家が現れ始めました。

一九八七年頃から、観光と農業のあり方が検討され、本格的な観光農業の取り組みが始まり、「作るだけの農業」から「作り、売り、サービスする農業」への転換が芽生えてきました。

（2）フルーツパーク基本構想の策定

内子町は一九九二年に「フルーツパーク構想・基本計画」策定しました。本計画は、①農業にサービス業的視点をとりいれ、農業の総合産業化を進める　②グリーンツーリズムなど都市と農村の交流を図る　③農業の情報化、農業情報の利活用を図るの三点を柱としています。

（3）産直トレーニング施設誕生

一九九四年七月に特産物直売所の実験施設「内の子市場」を開設。運営上、次のような課題が生じました。

①生産者名を明らかにしたい。

出荷品の増加で品目や価格の追加、変更で迅速な対応が困難。

②正確、迅速な精算がしたい。

出荷者の増加と売上金の増加に伴い精算の遅れがでた。

③直売所の販売情報が欲しい。

閉店間際には出荷者からの残品の問い合わせが殺到した。

以上の産直実験施設で生じた課題は、販売情報管理システム「からりネット」導入の動機となっています。

三　情報化は課題解決の手段

（1）バーコードシールは各自作成

特産物直売所で販売する農産物は、生産者名、電話番号、価格、商品記したバーコードシールを貼り付けて販売しています。

からりの会員は七割が女性で、平均年齢は六〇才を超えている人が、バーコードシールを作成。パソコン操作してスムーズに作成しています。

(2)農業と直売所をむすぶ「からりネット」

直売所のレジで売り上げたデータは、情報センターのサーバーに蓄積される。蓄積されたデータは一時間ごとに農家品目、単価ごとに集計され、農家は情報端末を情報センターに接続すると、売上げデータが確認できる。

直売所での売上げは、半月ごとに集計し、農家が指定する口座に振り込んでいる。そして出荷者は、販売日、品目、単価、販売金額等が印刷された明細書で期間中の売上げが確認できるようになっています。

(3)顔の見える農業へ

生産者名、電話番号を記した販売は、生産者と消費者の直接取引や交流を可能にしました。

クレームもすべて生産者に返し、生産者が責任をもって対応する事を原則としています。

(4)情報化は目的でなく手段

「からり」は必ず販売データを分析して、出荷農家に返すようにしている。前向きな出荷農家はさまざまなデータから顧客ニーズを見つけ「売れる商品」を作ったり、「売れる方法」を考える。つまり、情報化が手段となって生産現場に反映されるようになっています。

四　「からり」は町の活性化と情報発信拠点

（1）三施設の連携

「内子フレッシュパークからり」は「特産物直売所」「パン工房、くんせい工場、シーベット工場、アグリ加工場などの農産加工施設」「レストランからり、あぐり亭などの飲食施設」の三施設が有機的な連携を図りながら、「からり」の集客力を高め、内子町の三・五次産業化と地域の活性化が図られています。

（2）「からり」は農家の元気創造の拠点

二〇〇二年の「第五一回全国農業コンクール」において、からり直売所運営協議会は最高の「名誉賞」を受賞した。これは、内子産に限定した農産物の販売や情報化のとりくみが評価されただけでなく、産直を通して都市と農村の交流活動や農村女性の自立、高齢者生き甲斐創出など中山間地活性化のモデルとして評価されたものです。

（3）家族経営協定の推進

内子町役場、八幡中央農業改良普及センター、内子町農業委員会で農村塾、農産加工の技術指導をつうじて二八〇戸の家族経営協定を締結させています。三施設の連携家族経営協定の締結等がからりの元気創造の原点になっているようです。

五　今後の課題

（1）環境保全型農業の推進

内子町では、土壌診断や残留農薬分析を独自で実施し、安心、安全な農産物供給体制を模索しています。「からり」では顔の見える農業を実施しており、ブランド化が進みつつある。現在、特売所型トレーサビリティを模索中との事です。

（2）地域内循環の輪の拡大

出荷された農産物はレストラン、工房、加工場で使用されているほか、二〇〇〇年からは、町内の病院、学校給食センターへ農産物食材を供給し、地域内循環の輪が広がっています。

今後は、病院、学校給食等にも内子産農産物の利用をさらに広げ地産地消に取り組む予定です。

「内子町フレッシュパークからり」は、内子町の農業を変え、農家の人生を変えています。農村女性は、直売所運動にかかわる事により経済的、社会的に自立する道を歩みはじめた。高齢者は、作る喜び、売れる喜び、生きる喜びを見出している。特売物直売市とそれを支える「からりネット」は中山間が有する地域資源を活用した農業を可能にしました。

Ⅳ　まとめ

（1）今治市では、行政が学校給食、生産者と連携して地産地消に取り組んでいる様子が伺えました。市主権の農業講座、市民農園と結びつけ、それが学校給食への供給元になっていて、行政の一貫したスタンスがわかりました。地産地消推進会議、地産地消応援団、有機農産物研究会、学校給食と無農薬野菜研究会の連携と一朝一夕にはできない行政のねばり強い取り組みが効をそうしたのではないかと思います。

ＪＡが管理、運営する直売所は、以前Ａコープであったものを改造したものでした。

（2）内子町のからり直売所運営協議会（三六〇人）アグリベンチャ21（四三人）の会長は女性で、農村女性の知恵とパワーが発揮されていました。

直売所の計画段階、設置後とも町民がアグリビジネスに強い熱意を持って積極的に参加し、課題解決にあたっていました。

豊富な知恵は地場資源のフル活用、売り場の工夫、生産者の取り分を八五パーセントと高く設定、加工部門の独立採算制の実施、直売を通じた消費者ニーズの把握などで発揮されていました。

町民のアグリビジネスを側面から支援してきたのは、内子町役場、八幡中央農業改良普及センターです。

主な支援内容は、

①知的農村塾での勉強会

②農業構造改善事業の活用
③直売所へのＰＯＳ（販売時点情報管理）システムの導入
④農産加工の技術指導等
今治市、内子町の活性化の共通事項は次の三点と考えます。
①「人材」の確保
②「地域特産品」の開発
③「情報」戦略の確立、実践

（３）八重山での地産地消と直売市のあり方

地産地消を象徴するのは学校給食であり、学校給食に地元産の食材をどのような形、方法でいかに活用しているかである。現在八重山地区では、パインアップル、マンゴー等の熱帯果樹と島野菜等が大型スーパーまたは個人経営の無人・有人直売所で販売されていますが、学校給食には期間限定でゴーヤー、にんじん等が利用されている状況です。以前にはパパイヤ等が利用されていたようです。せめてパインアップル、オクラ、水稲、石垣牛、八重山牛等が学校給食にふんだんに利用される事を願うものです。

遺伝子組み替え食品、残留農薬、ＢＳＥなどの個別条件をどうしていくかも大切な問題です。同時に食べる事と農業がどれほど近いかを学ぶ必要があります。食糧の自給率を高め、安全で環境を守り育てる食と農業は未来を支える子供達と共に育てていきたいものです。

直売所などに付加価値をつけるためには常に創造する直売所である事です。時期にあったイベントなどの開催、地域で取れた食材、忘れられた料理法などを発掘する等、集客する工夫を重ねる事が大切であります。

八重山地区は日本の最南端という地理的な条件もあり、農作物の作目多様化がすすんでいますが、地域によっては水を有効利用した農業によって、より作目（品目）の拡大が期待されます。

地産地消活動は経済的・教育的な両面を軸として、広く深く、さまざまな活動が展開できます。そのためには、①人材の育成・確保　②研修の機会の確保と特産品の開発　③労働力の確保と情報戦略の確立・実戦が、大きなな課題と考えます。

（二〇〇八年十月記）

七　グリーンツーリズムの成立条件と農業改良普及事業

（1）グリーンツーリズムの始まりと成立条件

グリーンツーリズムの始まりはヨーロッパである。特にドイツ、フランス、イギリス、イタリアの西ヨーロッパの都市生活者の間では長期有給休暇制が定着しており、農村の緑豊かな自然や伝統文化や農民とのふれあいを求めて、農村に滞在する習慣が普及している。そのための農村滞在施設が行政の支援のもとに農民のために多数作られ、経営も農民自ら行っている。沖縄県においても地域によって農家民宿、農業体験受け入れ、料理体験ツアー等が修学旅行生を中心に実施されている。

（2）グリーンツーリズムとそれが期待できる地域

グリーンツーリズムとは、「緑豊かな農山漁村において、その自然、文化、人々との交流を楽しむ滞在型の余暇活動」であり、それを通じて、農村で生活する人々も、農村を訪れる人々の「最高のクオリティライフ」を享受できるものでなければならない。それは一言でいうと「農村で楽しむゆとりある休暇」である。グリーンツーリズムは、大規模開発を行わず、地域資源を最大限活用し、心のふれあい等人的交流の面を重視し、農村の自然や社会を破壊せず、これを育てるものでなければならない。グリーンツーリズムは農山漁村に経済的メリットをもたらし、その継続が可能であると同時に、地域の誇りの確認、農村漁村への理解促進、生活・文化ストックの蓄積、青年層のUターン等のメリットをもたらす事が期待できる。

グリーンツーリズムが期待できる地域は、

ア　農林漁業生産活動が活発に行われ、これを見たり、体験する事ができる。

イ　緑、水、景観に優れ、伝統、文化が豊かである。

ウ　地域のコンセンサスの下で、グリーンツーリズムへの取り組みが行われる。

等々の条件が備わっている地域であると考えられる。

（3）グリーンツーリズムの基本的要件

グリーンツーリズムは基本的には次の要件を満たしていなければならない。

第一に、あるがままの自然の中でのツーリズムである事。これには、古い伝統的な農村や山村等が中心を形成する。そこでは自然の中での滞在や散策等が基本となる。

第二は、サービスの主体が農家等、そこに居住している人たちの手によるものである事。すなわち、訪問者は地元の人達の手でつくられたサービスを享受する。

第三は、農村の持つ様々な資源、生活、文化的なストック等を都市住民と農村住民との交流を通して活かしながら地域社会の活力の維持に貢献している事。

これらの事を従来の観光、リゾート産業と対比させて、グリーンツ!リズムの特徴を述べると次のようになる。
①地域の住民（人）の意志に発している事。
②地域の住民が開発や改善をコントロールしている事。
③地元で経営、管理されている事。
④地域の伝統・文化をベースに、これを活かして発展させるものである事。
⑤総ての社会的、経済的利益は地元に還元される構造になっている事。

（4）グリーンツーリズムの姿

「農山漁村で楽しむゆとりある休暇」としてのグリーンツーリズムの姿としては、農山漁業を体験し汗をかく旅、地元との交流を深める旅、家族との絆を深める旅、趣味を深める旅、四季の食を楽しむ旅、自然の中で暮らす事を求める旅など、目的により様々なものが考えられる。既存の観光名所、娯楽、スポーツ施設等と連携させて、グリーンツーリズムの推進をはかる事も、現実的なアプローチであると考える。

（5）グリーンツーリズム政策と支援内容

グリーンツーリズムは、一軒の農家でできるものではない。地域の課題として暮らしや農業生産と合わせて、地域住民にとってもトータルに連携された農村の振興策として位置付けされる事がのぞましい。グリーンツーリズムの根底には、地域の人々、その暮らしぶり、自然環境の保全、地域の調和、地域の持続的発展を考慮に入れないといけない。また地域の振興、地域資源の利活用、雇用の場の創出、環境保全の立場からも関係機関、地域の人々をまきこんで取り組まなければならない課題と考えます。

（6）グリーンツーリズムの推進施策と方向

①美しい村づくりの推進

美しい村づくりに向けて快適な「居住空間」「余暇空間」を形成する事が重要である。そのためには、A　農山漁村における生産、生活基盤の一体的整備とこれらを契機とした土地両区分の明確化　B　地域の水資源、森林資源、海浜資源等を活用した景観形成、保全を進める事が必要である。

②受け入れ体制の整備

ソフト面においては　A　サービスマニュアルの作成、B　マネージメントのためのコンサルタント、研修の実施等によりソフトウェアの確立を図る　C　農林漁業体験の指導、助言を行うインストラクターの養成　D　訪問客が農場、森林、海浜等に入り込み自然と接する事ができるような条件整備を推進することが重要である。

③都市、農村相互情報システムの構築

グリーンツーリズムが実施されるには、農村の情報が都市住民に的確に伝わるとともに都市側のニーズが農村にちゃんと送られる事が重要である。このためには、農村と都市の相互提携による情報活動を集め、農村側の情報の収集、評価、紹介、都市側のニーズの伝達、需給マッチングのための情報システムをグリーンツーリズムの熟度に応じて構築する必要がある。

④推進・支援体制の整備

グリーンツーリズムを普及するためには、国民にグリーンツーリズムについての啓発活動を行い、国民の理解と共感を呼び起こし、そのニーズの顕在化を図るとともに、農村側にたいしても、従来の農業生産、居住、余暇、空間として捉えていくような意識の醸成を図っていく事が重要である。

そのためには、官民が連携して都市、農村両面サイドに積極的にキャーンペーンを展開する必要がある。それとあわせてグリーンツーリズム推進の指導体制（国、県、市町村）と官民協力、分担関係についても検討していく必要がある。

（7）グリーンツーリズムと農業改良普及事業

グリーンツーリズムの推進は、どの地域でも必ずしも成功するとは限らない。農業改良普及事業の役割りとして、地域の人と暮らし、環境保全の視点から適確な判断や助言ができる力を養い、持続可能な活力ある地域づくりに向け、コーディネーター的役割を果たせる業務を推進していかねばならない。これからは関係機関とも密接な連携を図り、この課題の推進に向けて、まずは地域の実態把握をしていく必要がある。いわゆる歴史や文化を含めた地域資源の利活用をしていかなくてはならない。この視点を持つ資質向上が重要である。地域住民による地域資源の把握、認識を深めるとともに地域の人々の合意形成が必要である。

また、高付加価値農業生産における地域資源の再評価、発掘、研究等に関する指導強化、環境保全型農業に関する農業者への意識啓発を図り、地域資源を最大限活用し、心のふれあい、人的交流の面を重視し、農村の自然や社会を破壊せず、これを育てる地域振興とむすび付けたい。

これからの農業の担い手はますます高齢化、女性化は増えると考えられる。それらの担い手にあい、地域にあった作物（作目）品目の組合せ、開発が緊急で重要な課題になってきている。その一方で農家民宿、料理体験、体験農場等は女性が担っている。民宿経営の分担がスムーズにできる環境整備が必要である。

農業改良普及事業においては地域の農業生産の向上をめざしながら、農村地域の環境保全、各種施設を活用した農村の活性化に取り組まなければならない時期にきている。具体的には農家民宿、農業体験、農家レストラン、観光農園、カントリーウォーク、乗馬クラブ、簡易スポーツ等を農村地域の中に位置付け、推進していく事によってますます農村の活性化が図られるものと考える。

（二〇〇八年十一月記）

沖縄県現代農業史（一九七〇年〜二〇〇八年）

●県農業の動き

一九七〇年（昭和四五年）
・県外出荷品目の選択始まる
・トマト、石川市、豊見城村より県外出荷される
・南風原村でカボチャ「タチバナ3号」「近成えびす」試作栽培される
・琉球政府農林局パインアップル産業五ヵ年計画を発表
・琉球農業試験場八重山支場（現沖縄県農業研究センター石垣支所）内に間借りし、農林省熱帯農業研究センター沖縄支所が発足

一九七一年（昭和四六年）
・県外出荷用の栽培品目を中心に農協単位で農業振興計画策定（東風平町、知念村等）
・大宜味村に台湾からマンゴー（アウィン種）導入
・伊江村家畜セリ市開設される
・さとうきびの大型収穫機（ハーベスター）を導入（南大東）
・ウリ類の本土輸出禁止が解除。二五年ぶりに東京へ初出荷
・日本政府援助による土壌改良機十七台を市町村へ貸与する
・第一回沖縄4Hクラブ員の集い開催（糸満市で）
・沖縄県信用農業協同組合連合会設立される

●世界・日本・県経済の動き

・日本初の人工衛星打ち上げ
・日本万国博覧会大阪で開催
・日米安保条約自動延長
・総合農政の基本方針決定
・農業者年金基金法公布
・農地法改正公布（農地移動制限の緩和）
・コメの減反実施方針計画発表
・港川沖・中城湾・具志頭沖で軍用機墜落
・こどもの国開園・海中展望塔開園
・オニヒトデ繁殖、ダイビング協会駆除
・コザ騒動
十二月二〇日、コザ市中の町で米兵が横断中の住民をはねた。MPはこの米兵を立ち去らせようとし、その決定に抗議した群衆に威嚇発砲した。それにより住民の不満が一気に爆発。米人車両が火をつけられ七五台が焼打ちにされた
翌々日、軍雇用員三〇〇〇人の解雇発表

・毒ガス移送で住民避難
米軍は知花弾薬庫に貯蔵されている毒ガスを外国に移送一月十三日と七月十五日に決定。移送経路の周辺の学校は臨時休校、地域住民は五〇〇〇人が遠方へ避難した
・ドルショック
米国は国防費の拡大、企業の競争力低下などによって国際収支が悪化。ニクソン大統領は　八月十五日ドル防衛策を打ち出した。このためドルの価値が低下、東京為替市場ではドル売りが殺到、東京株式市場は大暴落した

●県農業の動き

・六月、気温三三・七度、日照り・さとうきび立枯れ
長期異常干ばつと大型台風二八号ベスの連続発生により農作物は全滅状態となり、農家経済は危機に瀕す（先島七〇年ぶり）
・出稼ぎ、挙家離農相次ぎ過疎化す（八重山）
・台風、干ばつ視察で屋良主席一行石垣島来島
・宜野座村で十二月出荷の抑制スイカ試作

一九七二年（昭和四七年）

・補助事業の導入開始（ビニールハウス、育苗室）
・与那城村伊計島より初めて東京市場にスイカが出荷される（十二月）
・野菜の県外出荷開始（サヤインゲン、カボチャ、トウガン）
・トマトの県外出荷の中止（品質不良とウリミバエ発見）
・ハウス用トマトの品種導入
・ウリミバエ発見（本島）
・南風原農協カボチャ本格的に栽培する
・テッポウユリ球根の県外出荷始まる（戦後初めて読谷村、与那城村）
・恩納村に喜瀬武園芸が設立され、菊の県外出荷が試みられる
・宜野湾市農協もキクの県外出荷試みる
・柑橘の計画密植栽培法の手引書「青切り」創刊。八八年の十月の一八二号まで毎月欠かさず発刊された
・農業改良資金貸付、農作物、家畜共済制度発足
・土地ブームおきる。前年の大災害と重なり、農家の土地手放しで企業による土地買い占め激化

●世界・日本・県経済の動き

八月二八日、日本政府は円を変動相場制に移行すると発表。三四〇円でスタート、十二月には三〇八円になった。
・農薬ＤＤＴ使用禁止（日本）
・火炎ビンで警官爆死
十一月十日、県民の意向を無視した返還協定反対ゼネスト。六万人が軍政府へデモ行動。その途中過激派の火炎ビンで巡査部長が殉死
・那覇市制五〇周年。那覇大綱引き
・南沙織デビュー
・中国の国連復帰決定
・沖縄返還協定調印

・日中国交樹立
・田中角栄「日本列島改造論」発表
・ローマクラブの『成長の限界』出版される
・沖縄県となり、通貨切り替える
五月十五日から二〇日まで、金融機関で円との交換が行われ、一ドルは三〇五円の換算であった。商品はほとんど三六〇円換算で売り、端数を切り上げたので物価は二、三割以上も値上がりした
・米は本土より半値安い。本土の物価高が入り、県民の生活が苦しくなるのを防ぐ措置として米の値段を本土より半値にしている。沖縄からの輸出は禁止
・東峰夫『オキナワの少年』に芥川賞
・沖縄国際大学開校
・日本銀行沖縄支店開業
・琉球銀行県内初の週休二日制実施
・屋良朝苗知事就任
・若夏国体開催される（那覇市）

●県農業の動き

・タイ国産パインアップル種苗購入される
・Ｎｃｏ３１０にさとうきび黒穂病発生
・八重山地区糖業技術研究会発足

一九七三年（昭和四八年）

・知念村農協野菜生産部設立（四二人）
・サヤインゲン栽培、県外出荷本格的に取り組む
・ゴーヤーの一月～三月の加温栽培始まる（宜野座村、具志川市）
・青切みかん東京市場へ初出荷
・大型さとうきび収穫機導入（石垣市）
・農業試験場八重山支場、ウリミバエ増殖施設新設
・ウリミバエ発生確認で多品目が県外移出禁止

一九七四年（昭和四九年）

・スイカの県外出荷本格化（今帰仁村青年グループ若葉会）ビニールハウスで栽培。七五年一月～二月に県外出荷される
・農産物地方卸売市場開設（那覇市）
・津嘉山農協カボチャ栽培始まる
・農業試験場でマンゴーの電柱を利用した雨除け栽培を試みる
・沖縄県農業青年クラブ連絡協議会名称改正
・中部農村青少年教育センター具志川市に設置される
・波照間島朝日農業賞受賞
・畑作共済（さとうきび）の実験実施（石垣市）

●世界・日本・県経済の動き

・沖縄振興開発計画樹立

・第一次石油ショック（メジャーとサウジアラビア原油供給量十%削減通告）
・本土復帰を記念する「若夏国体」が五月三日十一市町村の競技場で開催された
・一ドル二六四円に金の延べ棒買い急増
・農薬ＰＣＢ使用禁止
・県衛生面で南部屠畜業者に使用停止
・平安座島に石油貯蔵四社反対運動起こる
・地下四階掘り下げ工事、前島国道五八号陥没する
・沖縄県中央卸売市場開設計画を決定する
・沖縄県果樹農業振興計画を公表
・沖縄のパインアップル工場で働く韓国の女子労働者二七七人来沖
・鶏卵価が異常高騰で問題化、十七年ぶり高騰値
・農業開発公社発足

・石油ショック。イスラエルを支援する国には石油供給を減らすと、アラブ諸国は前年十月一七日に決定。日本は途端に経済パニックに陥った
・ローマで世界食料会議開催
・ニクソン大統領ウォーターゲット事件で辞任
・コザ市と美里村合併沖縄市へ
・南部地区養豚危機突破生産者大会、豚価低落
・韓国からさとうきび収穫労働者、六四四人。三ヶ月滞在する
・パインアップル工場労務として韓国人（女子）二八五名就労

●県農業の動き

一九七五年（昭和五〇年）

・さとうきび黒穂病、中南部に異常発生
・繁殖牛で日本農業賞受賞。大里村の玉城ノブさん
・サヤインゲン空輸で出荷する（品種・ケンタッキーワンダー）
・沖縄の肉用牛は家畜改良増殖法に基づき「沖縄県肉用牛生産振興計画」作成。それ以後、粗飼料基盤の整備、飼養施設の整備、肉用牛の改良、生産組織の整備等により肉用牛の生産は大幅に増大した
・パインアップル危機突破八重山郡民大会開催される
・八重山家畜セリ市場落成
・土づくり運動推進協議会の発足
・国営宮良川農業水利事業所開所
・野菜高騰時対策実験事業でキャベツを栽培

一九七六年（昭和五一年）

・サヤインゲンブーム。七五年十一月～七六年五月まで東京市場で指定席を（県で二億円）得る
・知念村サヤインゲン出荷額一億円超える
・鉄筋、パイプでの支柱増える
・南風原村カボチャ特産地宣言大会が開催
・野菜価格安定事業開始される
・宮古、八重山で県外出荷用カボチャ「えびす」が栽培、試作される
・東風平町、具志頭村の農業青年五人で「東具園芸組合」を組織し、オクラの県外初出荷始まる
・任意組織「沖縄県花き園芸協同組合」結成され、翌年の冬春期から花きの共同出荷始まる

●世界・日本・県経済の動き

・第一回県畜産共進会開催される
・肉用牛価格安定基金加入
・さとうきび要求価格貫徹一〇〇〇名東京要請団上京

・第一回先進国首脳会議（サミット）仏で開催
・沖縄国際海洋博開催（本部町）。石油危機で建材などが不足して海洋博は延期され、七月二〇日にオープン。七六年一月十八日まで本部半島で開催された
・皇太子夫妻に火炎ビン投げられる（糸満市ひめゆりの塔）
・五月初の高速道開通（名護—石川）
・ダイエー那覇店開店
・守礼門デザインの一〇〇円硬貨発行
・嘉手納基地から流入塩素剤で魚貝汚染

・海洋博の後遺症倒産相次ぐ。南北ベトナム統一、海洋博をあてこんだ急激投資によるひずみは赤字経営や倒産を招き、倒産件数は一五二件、負債額は三五七億円に上った
・土地の買占め宮古・八重山まで。買占めは約二三〇〇万坪に達し、その後の金融引き締めで土地は利用されず野ざらしになる
・多い不良土産品
・たい焼きブーム。「およげたいやきくん」のレコードが爆発的に売れ四五〇万枚という売り上げトップになる
・証券詐欺、変則ネズミ講流行る
・具志堅用高世界チャンピオンに
・県知事に平良幸市当選（六月）

●県農業の動き	●世界・日本・県経済の動き
・大宜味村に台湾からマンゴー（キーツ）導入 ・沖縄県の和牛肉東京へ産地直送される ・沖縄県肉用牛生産供給公社設立される（石垣市） ・冬出しスイカ八〇〇〇トン大阪向けに初出荷 ・キャベツ四〇トン本土市場へ空輸	・県産ポーク缶詰製造開始（第一企業中城村在） ・久米島農協発足（二番目の広域農協合併） ・パインアップル青果価格トン当たり三万五五〇〇円に決定
一九七七年（昭和五二年） ・沖縄県農業振興基本計画策定される ・韓国からさとうきび収穫労働者三〇〇人来沖 ・知念村がサヤインゲンの県全体の県外出荷六〇％占める ・一時中断していたスイカの立体栽培が二〜三月出荷で再開された ・ミカンコミバエ防除開始される ・「青切り特集号」発刊される ・キャベツ等大暴落、野菜価格安定基金で補てん ・本土向け野菜十億円突破 ・台風五号ベラ八重山来襲被害大（最大瞬間風速七〇・二m記録）（七月） ・養豚、史上初の二六万頭台に。肉豚の県外出荷に助成 ・県・東京都と牛肉産地直送出荷契約調印	・初の県産業祭り。県主催の「第一回沖縄の産業祭り」が十一月十八日から奥武山運動公園で開かれ、延べ三〇万人が入場した ・沖縄ハム設立・食肉加工 ・西表島の北海岸開通し、往来が便利になる ・新婚のメッカ宮崎抜き、沖縄へ一二〇〇組来沖 ・忘年会にカラオケ流行る ・円高ドル安 ・平均寿命、男性も世界一 ・米国で日本製カラーテレビ輸入急増で問題化 ・新中間層論争
一九七八年（昭和五三年） ・第一回「さとうきびの日」実施（農協中央会）。四月の第四日曜日を「さとうきびの日」に設定 ・宮古かぼちゃ特産となり、本土で人気出る ・知念村、農産物の生産額、サヤインゲンが第一位となる ・サヤインゲン防風対策、徹底される ・ウリミバエの根絶（久米島） ・花きの栽培指針発刊し、花卉栽培を普及推進する	・交通法変更。戦後三〇年余「人は左、車は右」通行が、日本復帰の一環で全国並みの「車は左」に、七月三〇日午前六時を期して変更した ・香港A型カゼ流行、学校閉鎖続出 ・福岡市菓子店によるホワイトデー発案 ・那覇—北大東、奄美、与論、空路開設 ・ガソリン値下げ運動減税と円高差益

	●県農業の動き	●世界・日本・県経済の動き
	・沖縄県花き卸売市場開設される ・石川市の幸喜徳三氏がパイプを十字に組み傘形に屋根をビニールで覆い開花時期に雨除けをし、着果に成功した（マンゴー） ・青切ミカンの売り上げ二億二〇〇〇万円と発表される（県） ・肉用牛セリ価格好調（一頭二〇万円） ・一戸当り、農業所得は二六七万円で、全国平均の七三％と発表される	・新川明『新南島風土記』毎日出版賞受賞 ・西銘順治県知事に ・第二次石油ショック ・新東京国際空港開発 ・日中平和友好条約調印
一九七九年（昭和五四年）	・サヤインゲンで五〇〇トン県外出荷突破 ・ハウス内でのサヤインゲン栽培、マルチ栽培普及する ・ヒヨドリの害多発 ・野菜輸送特別対策事業始まる ・カボチャ「えびす」先島で本格的に栽培される ・沖縄県花き園芸協会設立される ・県内初の観葉植物生産団地が農業構造改善事業で導入された（恩納村） ・マンゴーのハウス栽培が普及する ・「土の日」の設定。十月の第一土曜日を土の日と認定し、農家に土づくりに対する意識の高揚を図るため記念行事を実施した。「沖縄県土づくり運動推進協議会」「地区土づくり運動推進協議会」設置される ・県指導農業士制度発足 ・さとうきびＦ１６１品種を奨励品種に決まる（八重山地区限定） ・石垣市ライスセンター落成	・名護市嘉陽の海でジュゴンを生け捕る ・名護湾にイルカ大群。一〇〇余頭仕止める ・琉球大学医学部開設 ・第一回緑の羽根（植樹）募金運動 ・国際石油資本、対日石油供給削減を ・第二次石油ショック ・県干ばつによる被害は十一億円 ・豚価長期低迷、子豚価格が急落。鶏卵は高値安定のままダブつく状況となる ・県立農業大学校設置される（名護市） ・那覇—石垣間にジェット旅客機が就航
一九八〇年（昭和五五年）	・ウリミバエ根絶後、久米島産ニガウリが「ごーやー」の商品名で開西市場に初めて出荷される ・各地に制度資金や補助事業により観葉生産農家が増える	・イラン・イラク本格交戦 ・ブランド信仰。若いＯＬや女子大生専門学校生にブランド志向が目立ち、一つのブランドをそろえている人もいる

●県農業の動き

・沖縄県農業改良普及事業三〇周年記念式典挙行
・沖縄県農業試験場創立一〇〇周年記念式典挙行
・沖縄県ミバエ対策事業所開所式

一九八一年（昭和五六年）

・最少雨で一年間夜間断水隔日給水に
・農連市場一部立ち退きで業者警官衝突
・バラの挿し木方法適品種の選定試験が実施される
・関東、関西で「県産野菜花き市場拡販キャンペーン」実施
・セスジツチイナゴ、ケグロキイロアザミウマ、オンシツコナジラミ被害拡大防止で警報発表
・さとうきび原原種農場落成式（東村）
・宮良川土地改良事業通水式

一九八二年（昭和五七年）

・ミカンコミバエ根絶を宣言（本島）
・スイカの灰白色斑紋症発生する。農業試験場、農業改良普及所、産地の建て直しに貢献する
・ミカンコミバエの第一回航空防除（石垣市）
・八二、八三年の二年連続大雨でカボチャに大きな被害を受ける（宮古、八重山）。八重山は急激に衰退の一途をたどる
・洋ラン切花に初めての花き団地が導入された（宜野座村、東風平

●世界・日本・県経済の動き

・発がん性の添加物使用禁止。環境庁はうどんやかまぼこの殺菌漂白に使われている過酸化水素水に発ガン性があると使用禁止を出した
・波の上海岸の水上店舗八棟全焼
・国際通り牧志に「沖縄ジァンジァン」開館
・シャープＴＶＣＭ「うちなーびけーん」
・日本車の生産台数世界一
・気象観測史上初の冷夏
・食糧管理法改正案成立

・「かあさん休め」。厚生省は二月、中学生の食事調査でカルシウムが極端に少ないことが判明し、「過食時代」と警告。家庭料理・外食でも人気第一位はハンバーグ。家族連れでファミリーレストランのハンバーグを食べるので「かあさん休め」という新語が生まれた
・沖縄電力二度も電気料の値上げ
・標準米まずくヤミ米出回る
・国頭村で新種発見。ヤンバルクイナと命名
・農水省、中国からもち米三万トン緊急輸入を発表
・穀物自給率二九％を発表

・パソコンブーム。パーソナル・コンピューターが手ごろな値段で出回り始め、家庭にも入ってパソコンブームが始まった。パソコン市場は今年は二〇〇〇億円に急成長した
・喜納昌吉の「花」ヒット
・外国産カボチャの輸入が増える
・県外出荷野菜、花きの八二年度実績一〇〇億突破（県発表）
・復帰十周年記念式典

県農業の動き	世界・日本・県経済の動き
町、糸満市)。洋ラン切花栽培の口火となる ・県内初のマンゴー団地が補助事業で大宜味村に完成 ・北部マンゴー研究会が結成され、マンゴー栽培の先導的役割を果たす ・第六回全国農業新聞賞で読谷村農業青年クラブ、内閣総理大臣賞に輝く ・台風十一号襲来。石垣市、竹富町被害甚大 ・カボチャの栽培ピークに達する(一五三〇ヘクタル)	・牛肉、オレンジ完全自由化要求(日米農産物交渉)。農産物四四品目関税引き上げ六品目輸入枠拡大決定
一九八三年(昭和五八年) ・ミニトマトの露地栽培始まる(豊見城村) ・春の彼岸時期の生産量の増加に対応するため、キクの航空便チャーター輸送が始められる ・花き粗生産の概況発表。八二年産額より三〇%増 ・農産物奨励品種研究会、さとうきび品種NCO376を奨励品種から除外する ・農林水産大臣賞(伊江4Hクラブ) ・マンゴーでトンネル型雨除け栽培始まる(石垣市) ・「畑に牛を飼って土づくり運動」を提唱(県) ・八重山地方六月～八月、九〇日間干ばつ	・日米農産物交渉ワシントンで開催 ・県内法人高額ランキング二〇傑(一九八一)農業関係 五位 県信用農業協同組合連合会 八位 沖縄製糖㈱ 十位 北部製糖㈱ 十二位 中部製糖㈱ 十三位 県経済連農業協同組合連合会 ・乳用牛育成センター落成式 ・肉用牛子牛価格が低落 ・ピーマン熱湯処理施設完成
一九八四年(昭和五九年) ・県中央卸売り市場浦添市に開設。セリ始まる(セリ八五年一月) ・ニガウリ栽培出荷増える ・第一回沖縄の花まつり(品評会)が開催される ・宮古島においてマンゴーのハウス栽培始まる ・石垣島和牛改良組合設立	・東村村民の森で第一回つつじ祭り ・南北大東、世界初の衛星放送 ・沖縄戦の記録フィルム上映 ・地力増強対策を進めるため、地力増強法が制定された(五月) ・日米農産物貿易交渉。パインアップル缶詰、果汁を含む十三品目については米国はガット提許。さとうきび生産価格トン当たり二万一四七〇円を決定 ・県バイオテクノロジー推進懇談会発足される

●県農業の動き

●世界・日本・県経済の動き

・アフリカ飢饉重大局面
・コメ輸入の日韓協議合意（十五万トン緊急輸入）

一九八五年（昭和六〇年）

●県農業の動き

・八重山地区さとうきび生産振興対策推進協議会設立
・伊平屋村でラッキョウ生産拡大（展示ほ設置）
・野菜産地総合整備事業で雨よけパイプハウス普及

●世界・日本・県経済の動き

・レーガン（米）、ゴルバチョフ（ソ連）米・ソ首脳会議
・羽田発ジャンボジェット機、群馬県で墜落(死亡五二〇人、世界最大事故)
・青函トンネル貫通
・山形県の米穀業者、ヤミ米売買で摘発
・農水省新しい構造政策の展開を発表
・NTT、たばこ産業株式会社発足

一九八六年（昭和六一年）

●県農業の動き

・ミカンコミバエ根絶（沖縄県全域周辺他）
・県産パイン消費拡大キャンペーン
・法定伝染病豚コレラ、二一年ぶりに発生
・沖縄県で、全国電照ぎく生産地協議会が開催される
・沖縄県種苗センター設置される
・マンゴーの蒸熱処理技術が開発され移動制限品目から除外された
・蒸熱処理マンゴー県外出荷される
・琉球列島干ばつによる被害拡大
・法定伝染病豚コレラ発生（二一年ぶり）
・八重山さとうきび価格要求郡民大会開催（石垣市民会館大ホール）

●世界・日本・県経済の動き

・ガット閣僚会議（ウルグアイ）新ラウンドのための閣僚宣言「プンタ・デル・エステ」採択
・沖縄農林漁業技術開発協会設立される
・中曽根内閣当時「前川レポート」。国際協調のための経済構造。調整研究会の中に「国際化時代にふさわしい農業政策の推進」発表。日本農業不要論、農業バッシング
・男女雇用機会均等法とともに労働者派遣法が制定され、労働基準法が大幅に規制緩和された
・泊大橋開通（一一一八m）
・海洋博公園に熱帯ドリームセンター開園
・北大東、海水の淡水化で簡易水道
・南西航空初の本土便松山へ就航する

一九八七年（昭和六二年）

●県農業の動き

・沖縄県の花きが県外出荷されて十年目にして、一一二億円の大台を達成する
・県内初の受精卵移植牛が誕生した（畜産試験場）

●世界・日本・県経済の動き

・嘉手納基地を人の輪で包囲。軍基地の完全包囲は世界で初めて（大雨の中二万五〇〇〇人）
・沖縄コンベンションセンター落成

	●県農業の動き	●世界・日本・県経済の動き
	・農業大学校に果樹コース設置される ・さとうきび生産者価格トン当たり二万〇九六〇円と決定（復帰後初めての引き下げ） ・「防風林の日」設定（十二月の第一木曜日）	・高速道路那覇―石川開通 ・海邦国体開催される ・ニューヨーク株式会社株価大暴落 ・東京で地価高騰 ・石垣市於茂登トンネル開通
一九八八年（昭和六三年）	・一月八日、パイン輸入自由阻止大会（一万三〇〇〇人） ・「早生温州栽培指針」が発刊され、ミカンについての栽培技術や知識・情報が広められる ・「第一回農業青年ふれあいの船」、台湾へ出発 ・石垣市推肥センター発足 ・照島糖業、㈱小浜島糖業へ社名変更 ・ポストウリミバエの品目模索 ・県、農業関係機関花き類の加温栽培こよみ作成	・日本初の自由貿易地域那覇港内に開設 ・日米、日豪の牛肉、オレンジ交渉で九一年四月一日より牛肉の輸入が自由化されることに（六月） ・佐藤農林水産大臣、東村パイン産地視察 ・「マル優」制度廃止 ・リクルート疑惑事件 ・消費税、参議院で成立 ・ガット理事会、農産物十二品目パネル議定を採択。十品目について自由化を勧告
一九八九年（平成元年）	・沖縄産メロン、東京・大阪へ初出荷（五月二六日） ・スイカ八重山地区のみで九六二トンの出荷（県全体の三一％） ・知念村そ菜園芸部会、沖縄県朝日農業賞を受賞「沖縄のサヤインゲン」の銘柄確立 ・第三七回全国花き生産者大会が開催され沖縄の花をアピール（全国から二五〇〇名の参加） ・豊見城村農協、蒸熱処理マンゴー本土市場へ初出荷 ・具志川村４Ｈクラブ農村水産大臣賞授賞する ・畜産試験場で受精卵移植技術を一歩進めて、双子牛の作生に成功する ・ハウスパイン本土へ初出荷	・首里城復元起工 ・南米から出稼ぎ ・映画「ウンタマギルー」、アニメ「カンカラ三線」上映 ・一鉢運動花のカーニバル海洋博公園 ・ひめゆり平和祈念資料館開館 ・ベルリンの壁崩壊 ・県新庁舎定礎式

●県農業の動き

・郵便局の「ふるさと小包」県産パイン好調

一九九〇年（平成二年）

・石垣市の平久保・伊原間組合、共有地を本土リゾート企業に売却
・パイン缶詰果汁の輸入完全自由化（四月一日）
・「パインの日」設定される（八月一日）
・第一回ゴーヤーフェスティバル沖縄市で開催される
・県内外においてゴーヤー消費拡大キャンペーン活動が行われる
・「花と緑の博覧会」に洋ラン、熱帯花き、鉢物が出展され、「ベンジャミンのタワー仕立て」が名誉賞に輝いた（読谷村の喜瀬朝栄氏）
・耕土流出防止対策を図るために「土壌保全の日」設定される
・沖縄群島（南北大東島含む）ウリミバエ根絶。ゴーヤー等の本土移出が解禁される

一九九一年（平成三年）

・ジャパンフラワーフェスティバル県産花き出展（幕張メッセ）
・鶏のニューカッスル病が大里村で発生
・「ゆたかな海づくりシンポ、どうする赤土汚染」開催される
・「ミバエ類の生態と防除」で国際シンポジウム開催される
・農業所得九〇万円（九〇年の一戸当り）台風などでさとうきびが減収
・農材の活性化を推進、農業構造改善緊急確立モデル事業来年度より六地区を認定
・さとうきび価格三年連続据え置き、パインアップル青果販売予想以上の伸び

●世界・日本・県経済の動き

・イラク、クエートに侵攻。湾岸危機重大局面
・地価高騰と買占め。バブル景気で本土では地価が高騰している
保全地域整備法が試行され、沖縄の土地は本土のリゾート企業に買い占められ、地価は前年より二〇％も上昇した
・恩納村県内初の「環境保全条例」を決める
・「世界のウチナーンチュ大会」開催される
・県庁舎県内最大の高層ビルに
・浦添市美術館オープン
・沖縄水産高夏の甲子園決勝戦で惜敗
・沖縄の癌シンポジウム開催される
・食塩の摂取が全国最多
・緑黄色野菜の摂取量は全国一で胃がんは少ない
・十二年ぶり革新知事誕生（大田昌秀）
・カラオケボックスブーム
・ドイツ統一
・フロン全廃。CO_2削減で地球環境問題前進
・ソ連政変、共産党・連邦解体。六九年の歴史に幕
・コメ開放、例外なき関税化で日本苦境に（新多角的貿易）
・「パレットくもじ」が四月にオープン
・全国高校弁論大会で八重山高校生の二人が最優秀賞に輝く
・長寿県沖縄。人口十万人あたり長寿数はこの年も沖縄が全国一
・バブル経済の崩壊（十一月）。年末からバブル崩壊は深刻さを増し、中小企業の倒産続出地価は下落した
・副知事に尚弘子。女性では全国二番目
・全国初の風力発電機起工（平良市）

●県農業の動き

・知念・佐敷・与那原の三農協が県内八農協構想で初の合併総会

一九九二年（平成四年）
・第一回園芸フェア開催される
・洋ラン出荷、正月需要にかける。不況風もじわり、消費伸び悩み値段低迷
・西表島地震、避難騒ぎも
・伊江村に国土庁長官賞。多様化農業で活性化が評価される
・長雨で野菜の入荷が激減（二月）
・果菜類は日照不足
・大宜味村シークァーサー五五〇トン見込む。台風の影響で二〇％減収
・さとうきび、九四年より重量から品質の取引へ移行するとの発表あり
・八重山三農協が合併協議会設立する
・九一年肉用牛の価格低迷、取引金額落ち込む、頭数は前年比一〇・三％増加する
・キク植付十七％増加（沖縄県花き園芸農業協同組合）
・レタス県外出荷スタート、二三〇トン
・ゴーヤーの新品種登録（群星）

一九九三年（平成五年）
・中部製糖・第一製糖・琉球製糖の三製糖株式会社、翔南製糖会社に統合
・八重山群島ウリミバエ根絶で県全島根絶
・岩手県より種もみ増殖のため八重山農業改良普及センターに農業改良普及員常駐

●世界・日本・県経済の動き

・NHK紅白歌合戦で喜納昌吉「花」を歌う
・沖縄開発省庁長官に伊江朝雄県初大臣
・牛肉オレンジの自由化スタート

・ブラジルのリオ・デ・ジャネイロで開かれた地球サミットで「環境と開発に関する国際会議」で二一世紀に向けた持続可能な開発を可能にするための地球規模での行動計画を「アジェンダ」として採決した
・米大統領選、民主党のクリントン氏当選
・自衛隊（PKO）平和維持軍沖縄を中心に発つ
・首里城を復元オープン
・復帰二〇年、第三次振興計画決定
・「沖縄ぶくぶく茶保存・普及会」発足
・進貢の道三〇〇〇キロ徒歩で北京へ一〇〇人
・那覇市久米に中国様式庭園福州園開園
・小中高校が第二土曜日休日制実施
・不況深刻化。大型景気対策を発動
・政府コメ開放で最終決断へ
・金融機関の不良債権が問題化
・映画「パイナップル・ツアーズ」公開
・地価下落本格化
・都道府県別平均寿命（沖縄県）女性トップ、男性は五位
・新石垣空港、県が宮良案提示

・ガット新ラウンド交渉妥結
・「琉球の風」吹きまくる。NHK大河ドラマ「琉球の風」が一月十五日から五ヶ月間全国放送される
・琉球放送「サンシンの日」提唱

●県農業の動き

・第一回ふれあい翼の実施される（タイ）
・久米島、台風十三号直撃で大被害（九月一〜三日）。県内で復帰八回目の被害救助法を適用
・JA九四年四月に発足。農協合併作業順調に進む
・熱研・農林水産省、国際農林水産研究センター沖縄支所に改組
・ゴーヤー茶開発、缶入りゴーヤー茶発表

一九九四年（平成六年）

・中部地区農業後継者育成確保対策協議会発足
・岩手、沖縄かけはし交流事業開始
・岩手に水稲の種もみ引渡し
・農業教育支援事業開始（小・中学生を対象に農業体験学習）
・相次ぐ台風で先島に被害。台風十三号で与那国島に国・県被害救助法を適用。八月〜十月まで三度襲来。八重山で被害額三〇億円
・イモゾウムシなどの根絶防除実施事業開始
・キク、マメハモグリバエキクほ場の九割で発生
・沖縄農業経済学会第一回研究大会開催される
・大田知事県産ミカンPRへ（大田市場）

一九九五年（平成七年）

・認定農業者制度発足
・スーパーL資金の融資
・雇用の柔軟化と称して雇用が三段階に分けられる
・第一回「家族経営協定普及推進セミナー」開催される
・県農業後継者育成基本方針策定
・農漁村女性組織連絡協議会結成される

●世界・日本・県経済の動き

・糸満市で全国植樹祭
・上原康助、開発庁国土庁長官就任
・宮古・八重山でOTV、RBC放映
・農林水産省、冷夏で四〇年ぶりの米不足緊急輸入決定
・日本プロサッカーリーグ（Jリーグ）開幕
・欧州共同体の統合市場発足
・自主党一党支配崩れ、細川連立政権誕生
・細川内閣がコメ部分開放受諾を決定

・自民・社会・新党さきがけで村山内閣成立
・東京外国為替市場初めて一ドル＝一〇〇円を突破
・記録的猛暑空前の渇水被害
・日本人初の女性飛行士宇宙へ
・「銀座わしたショップ」オープン
・トロピカルテクノセンター落成
・全国マーチング大会高校の部西原高校優勝
・名護市に私立名桜大学開校
・佐敷町に県初の音楽ホール「シュガーホール」開館
・ネーネーズ「黄金の花」

・阪神大震災。死者五五〇〇人
・急激な円高ドル安進行
・地下鉄サリン事件発生
・県が世界長寿地域を宣言
・経団連雇用の新ガイドライン「新時代の日本型経営―雇用ポートフォリオ」発表

●県農業の動き

・沖縄県生活改善実行グループが連絡協議会から沖縄県農漁村生活研究会に改称される
・石垣市特産品振興会発足
・さとうきび生産量一〇〇万トン割れ（三四年ぶり）
・幻のシマブタ、ブランド肉に
・全県的に長雨の被害（三月日照不足、四月長雨）
・彼岸用のキク六〇億円見込む
・県産パインアップル二年ぶりに収穫増加する
・県農水産物販売促進協議会　ゴーヤーの日設定提唱
・ゴーヤー新品種「汐風」開発

一九九六年（平成八年）

・第一回地場野菜料理コンテスト開催される
・県中央卸売市場花き部建設工事起工式
・豚ふん尿処理として、オガコセルフクリーニング方式の技術確立される
・銘柄確立へ意思統一を。ＪＡ南部マンゴー生産者大会開催される
・パイン加工場が閉鎖。基幹作業存続の危機に（八重山）
・農水産物販売促進協議会　ゴーヤーの日宣言（五月八日）

●世界・日本・県経済の動き

・終身雇用年功序列日本型雇用システムを廃止　雇用の液状化、雇用の流動化が促進された
・平和の礎除幕式。二三万人余の名刻銘
・円高でハンバーガー値下げ。急激な円高で一ドル＝八九円になり、ハンバーガーを三〇％ほど値下げすると発表
・県立公文書館開館
・泊埠頭開発ターミナル「とまりん」開業
・第一回「一万人のエイサー踊り隊」
・米兵三人による少女暴行事件が起こる
・米兵の少女暴行糾弾県民大会（八万五〇〇〇人）
・琉球朝日放送（ＱＡＢ）開局
・旧王家の別荘識名園、復元され開園
・安室奈美恵紅白出演
・アメリカの環境保護運動家三人が『奪われし未来』出版する
・衆院選、初の小選挙区比例代表並立制で実施。自民党単独少数内閣誕生（橋本龍太郎）
・「男女共同参画二〇〇〇年プラン」発表
・「観光のためのアジェンダ21」発表
・大田知事、軍用地強制使用の代理署名を拒否
・又吉栄喜『豚の報い』で芥川賞受賞
・県内でもＯ－１５７食中毒。給食生野菜消える
・基地縮小問う県民投票。八九％が基地に反対
・日米普天間代替ヘリを辺野古水域に
・「アムラー族」出現
・玉那覇有公氏、紅型で人間国宝に
・都市モノレールが着工（那覇市）

●県農業の動き

一九九七年（平成九年）

・「和牛オーナー」、出資法に抵触の可能性。牛のオーナーとして一般の人が本土業者に出資金（牛の購入・肥料代）を預託し。畜産農家が肥育して牛の売却金を還元する預商法。県内では一月から十三人の畜産農家と十二人のオーナーが契約を結んだ。農水省は三月、出資法に抵触する可能性がある旨の通達を各県に出した
・第九回全国農業青年交換大会in沖縄 開催される
・地域小規模事業化支援事業補助金による女性起業への支援開始される
・台風十三号で沖縄本島東沿岸に大きな被害
・本土直行便相次ぎ開設。観光客の増大など活性化に影響を与えた
・沖縄県花き専門農協（太陽の花）に朝日農業賞（県内受賞は四年ぶり四度目）
・さとうきび側枝苗を普及拡大単収増に期待拡がる
・県農業粗生産額十五年ぶりに一〇〇〇億円割る
・中央卸売市場に花き部開設
・県亜熱帯農業振興確立指針を策定
・鉄骨ハウスでの周年出荷ゴーヤー増える

一九九八年（平成十年）

・グリーンツーリズム情報誌「南の島のやんばる」発刊一号（北部）
・宮古地方六月から約二ヶ月干ばつ
・石垣島沖で大規模な地震が発生（五月、マグニチュード七・六）。津波の発生はなく被害も出ず
・糖尿病にゴーヤーを。北京大学医院講演で効能を紹介
・シークワーサーに発ガン性抑制物質含まれる
・マンゴー四割減産、暖冬や日照不足が影響する
・日本一早い黒島の初セリ、肉用牛高値で好調なスタート。一頭平均約五万円アップ
・県がゴーヤー過熱防止指針作成

●世界・日本・県経済の動き

・地球温暖化防止京都会議で先進国で温室効果ガスの五・二%削減目標を設置
・消費税五%になる。消費落ち込みの要因（四月）
・景気減速、株価暴落
・航空会社のサービス合戦東京行き半額
・目取真俊『水滴』で芥川賞受賞
・ボケモン
・金融ビックバン、金融不安
・たまごっち大ヒット。九六年十一月バンダイが発表した液晶ペットゲーム「たまごっち」は液晶画面で成長する小動物で大人気
・普天間飛行移転に伴う海上ヘリ基地建設の是非を問う名護市市民投票が実施され、反対が過半数を上回った。しかし名護市長は受け入れを表明し辞任
・全県FTZ県案を正式に決定

・ジュゴン、名護市辺野古沖に現れる
・名護市長選挙、海上ヘリ賛成の岸本建男当選
・やんばる農協融資課長七億円不正融資
・県知事保守系の稲嶺恵一当選
・日本列島総不況
・銀行貸し渋り、中高年リストラ
・超金利長期化
・熟年離婚
・アジア経済危機が世界に波及米市場に波乱
・戦後最悪の不況過去最大の景気対策

●県農業の動き

一九九九年（平成十一年）

・沖縄県農林水産振興ビジョンアクションプログラムの策定実行
・各地区でグリーンツーリズム情報誌発刊される（南部・宮古・八重山・中部）
・オウシマダニ撲滅で牛の移動規制二七年ぶりに解除
・マンゴーが果樹でパインを抜き県産果樹の王座になる
・竹富町黒島の島仲さん、肉用牛経営で内閣総理大臣賞を授賞。全国農林水産祭で県内から十一年ぶり二人目
・農業大学校、農試名護支場開場二〇周年記念式典
・各地でゴーヤー産地協議会設立

二〇〇〇年（平成十二年）

・第一回「みなみの夏、野菜フェスタ」糸満市で開催される
・各地でさとうきび農業法人設立される（仲里村、読谷村、具志川村、糸満市、佐敷町、十六法人）
・粟国村農業機械士協議会設立される
・南部地区農漁村女性組織連絡協議会設立される
・ヤングファーマーフェスタin南部、那覇市で開催される
・平張施設が導入される（キク栽培）
・「あまＳＵＮ」命名式（石川市）
・南部地区拠点産地協議会連絡会設立される
・南部東村で、さとうきびの害虫ハリガネムシ防除推進大会開催される
・県単合併推進本部発足式
・園芸作物拠点産地七番地認定される
・天敵による害虫防除の本格的開始（減農薬栽ミニトマトの出荷）
・県黒糖協同組合の設立
・石垣市農業粗生産額初一〇〇億円突破(九九年)二年連続トップ

●世界・日本・県経済の動き

一九九九年（平成十一年）

・企業の相次ぐリストラなどで完全失業率は六、七月に過去最悪の四・九二％を記録した
・自自公連立内閣誕生
・農業基本法を四〇年ぶりに改定し、「食料・農業農村基本法」を制定
・法人高額所得ランキング二〇傑。十八位　県信用農業協同組合連合会。製糖工場は不振業種で統合し、一〇〇位以内にも入っていない
・十代の活躍輝く。春の甲子園で沖縄尚学高校県勢初の優勝。全国中学ゴルフ選手権で東中学校の宮里藍優勝
・県産モズク生産量二万トン突破

二〇〇〇年（平成十二年）

・雪印乳業による食中毒事件
・地球の日「アースデイ二〇〇〇年沖縄大会」開催
・新石垣空港カラ岳陸上案正式決定
・「ナビィの恋」好評再上映
・竹富町に「日本の旅ペンクラブ賞」
・沖縄サミット（名護市）開かれる
・新二〇〇〇円札（守礼の門図柄）発行される
・前年（九九年）入域観光客四五五万人
・ウッチン大流行
・厚底靴流行
・東京製茶業者が「さんぴん茶」を商標登録。県内業者が取り消しを申し立て、特許庁は登録を取り消す
・「琉球王国のグラス及び関連遺産群」世界遺産に登録され記念式典が行われる
・沖縄ブーム
・沖縄県赤土等流出防止施設基準等検討委員会開催

●県農業の動き

・異常気象で農作物に被害、長雨・干ばつ台風相次ぐ
・肉用牛八万頭突破復帰時の三倍増。牛価格安定が要因

二〇〇一年（平成十三年）

・第二回「みなみの夏、野菜フェスタ」大里村で開催される
・中部地区拠点産地協議会連絡会設立される
・北部地区シークァーサー生産、販売出荷協議会設立される
・やんばる温州みかん生産者大会開催される
・名護市勝山シークァーサー初出荷
・第三回中部地区農産物フェア開催される（沖縄市）
・県農業青年クラブ主催で、「ヤングファーマーズフェスタ二〇〇二」開催される
・沖縄県農水産物販売促進協議会がマンゴーの日キャラクターキャッチフレーズ表彰
・マンゴーの日、販売促進キャンペーン（東京）
・狂牛病風評被害が深刻化
・台風十六号本島直撃、異常潮位
・独立行政法人、国際農林水産研究センター沖縄支所として独立行政法人化

二〇〇二年（平成十四年）

・JA沖縄が発足、県内二七JA合併
・名護市、糸満市、知念村がゴーヤー、読谷村が小ギクの拠点産地に認定される
・名護市中山、ゴーヤーの里宣言
・北部地区インゲン産地再生推進大会開催される
・第三回みなみの夏、野菜フェスタ開催される
・北部地区生活研究会三〇周年記念式典開催される
・八重山地区生活改善実行グループ五〇周年記念式典開催される

●世界・日本・県経済の動き

・ラムサール条約に漫湖登録
・与那嶺貞さん人間国宝に（県内四人目、染織技法）

・二〇〇二京都議定書発効。シンポジウム開催
・米国で同時多発テロ事件
・米・英軍がアフガン攻撃、タリバン政権崩壊
・第三回世界のウチナーンチュ大会
・米マリナーズのイチローMVPと新人王受賞
・小泉政権発足、構造改革がスタート
・国内初の狂牛病発生
・赤土問題に官民連携（石垣市）
・テロで沖縄旅行キャンセル相次ぐ
・与那国農協公的管理下に（農水産業協同組合貯金保険法）
・柳田國男歌碑を建立（石垣市白保）
・NHKドラマ「ちゅらさん」放映　ゴーヤーマン登場

・「リオから十年」として世界サミットが南アフリカのヨハネスブルグで開催される
・沖縄復帰三〇周年
・全国知事会in沖縄
・第一回沖縄平和賞授賞式
・「やんばるの自然体験活動ガイドライン二〇〇一」が策定される
・美ら海水族館オープン
・エコツーリズム国際大会in沖縄

●県農業の動き

・第一回「なかがみの食と農フェスタ」開催される
・八重山轟川流域農地赤土対策検討委員会開催される
・沖縄県農林水産振興計画策定
・肉用牛、初セリから価格暴落（ＢＳＥ風評被害）。十一月から持ち直しへ
・冬場のゴーヤー栽培増える

二〇〇三年（平成十五年）

・第一回「やんばる美ら島マンゴーコンテスト」開催される
・糸満市農業戦略産地協議会設立される
・北部地区インゲン、ゴーヤー推進大会
・第一回南部地区園芸推進大会
・台風十四号、宮古島被害拡大（九月十日、最大瞬間風速七四・一ｍ）。被害対策のため宮古地区特別営農相談窓口を設置
・県内初のエコファーマーに北大東村のバレイショ農家十三名認定される
・第一回「みなみの食と農フェスタ」糸満市で開催される
・八重山、サトウキビ大豊作、畜産も過去最高の実績

●世界・日本・県経済の動き

・新沖縄離島振興計画策定
・ふるさと百選認定証交付式
・健康保養食材メニュー開発促進協議会発足
・シンポジウム「おきなわの食材、食文化と観光を語る」開催
・「おきなわ１００の健康料理」発刊
・国連、この年を「エコツーリズム年」とする
・「農林物資の規格化及び品質表示の適正化に関する法律」（ＪＡＬ法）の改定
・山形県で国内で登録されていない農薬を販売した業者が逮捕される（七月）
・食品衛生法・農薬取締法、改正される
・ＢＥＧＩＮら八重山出身のアーティスト三組が紅白歌合戦出場
・沖縄の大型スーパー百貨店で沖縄物産展開催される（七～八月）
・米英のイラク戦争、フセイン大統領拘束
・米国で初のＢＳＥ牛発生
・食品安全基本法制定される
①食品の安全性の確保と国民の健康保護
②リスク分析手法を導入し、食品安全行政の統一的、総合的な推進
③リスク評価の実施を主たる任務とする食品安全委員会の設置
・食品衛生法の改正
・肥料取締法、農薬取締法、薬事法、家畜伝染病予防法改正
・年間の観光客五〇〇万人突破
・沖縄都市モノレール（ゆいレール）開通
・国立劇場おきなわ落成
・ちゅらさん運動推進県民大会
・美ら島沖縄大使制度創設
・宮良長包生誕一二〇周年記念事業期成会、各種イベント開催
・八重山観光好調、与那国も「Dr.コトー」効果

●県農業の動き

二〇〇四年（平成十六年）

・「やんばる農業の担い手を考える集い」開催される
・うるま市津堅島でニンジン収穫祭開催される
・八重山グリーンリズム研究会設立
・北部地区パイン青年経営研究会発足
・「北部地区野菜産地育成と担い手を考える集い」開催される
・宮古地区生活研究会五〇周年記念式典
・宮古農漁業者組織連絡協議会設立される
・石垣市がパパイヤの養液土耕栽培で特許取得
・八重山、三二年ぶりの台風最多接近（発生二九個、接近十個）。沖縄地方は、平年の七個を上まわる十五個接近。二〇年ぶりに十二月にも接近

二〇〇五年（平成十七年）

・本部町新里で「第一回ボロンボロン祭り」開催される
・名護市勝山で「シークァーサー花香祭り」開催される
・糸満産ニンジン「美らキャロット」と命名
・南部グリーンツーリズム研究会発足
・ヤブガラシ対策現地検討会
・南部のはる道ふれあい農業農村体験
・やんばる元気法人ネットワーク会議立
・第四四回農林水産祭天皇杯受賞（有限会社沖縄表生薬草本社、読谷村渡慶次集落）
・名護市勝山、シークァーサーの里宣言
・シークワーサー振興条例制定（大宜味村）

●世界・日本・県経済の動き

・有事関連法が成立
・自民党総裁に小泉氏再選
・長寿の危機で緊急アピール（男性四位から二六位に急落）
・沖縄県地産地消推進県民会議設立される
・久米島家畜セリ市竣正式
・国立沖縄工業高等専門学校開校
・改正特別栽培農産物表示法施行
・沖縄国際大学構内に米軍ヘリが墜落する
・ゴーヤーの新品種「島風」と命名
・八重山商工野球部が初の県制覇
・県産農産物販売促進、稲嶺知事トップセールス（東京都）

・退迷するイラク情勢
・パキスタン地震（死者七万人超す）
・ハリケーン猛威
・鳥インフルエンザ拡大
・食育基本法制定される
・農業試験場が農林水産部から企画部へ移管
・市町村合併で、うるま市・宮古島市誕生
・マンゴー出荷半減マイナス八四五トン。八重山地区では着果不良の影響が著しく、北部地区では影響が少なかったと農林水産部発表
・全国初の入島税として伊是名村「環境協力税」を四月よりスタートさせる

	●県農業の動き	●世界・日本・県経済の動き
		・名蔵アンバル、ラムサール条約に登録（ラムサール条約第九回締結会議）。 ・イチロー記録更新 ・国年金未納問題 ・台風の上陸が最多の十個（日本列島） ・原油先物、初の五〇ドル台
二〇〇六年（平成十八年）	・独立行政法人国際農林水産研究センター、「熱帯・島嶼研究拠点」に改組 ・猛烈台風が八重山地方に直撃（九月）。台風十三号、竹富町で六九・九mを記録し、被害総額は三五億円 ・台風被害対策の為、八重山地区特別営農相談窓口設置される	・北朝鮮が地下核実験。国連が制裁措置 ・イラクが内戦状態、フセイン元大統領に死刑判決 ・原油価格一時一バレル七八ドルに高騰する ・ホリエモン、村上世彰代表らヒルズ族の逮捕 ・マンション偽造開題発覚する ・日本銀行がゼロ金利を解除。景気は「いざなぎ」超える ・「食品に残留する農薬等にかかわるポジティブリスト制度」が施行される ・甲子園の夢を実現、八重山商工が春・夏連続出場 ・新石垣空港事業に設置許可 ・新石垣空港が着工 ・大嶺祐太投手がロッテに入団 ・安部内閣誕生
二〇〇七年（平成十九年）	・温暖化で大型台風襲来。サンゴ白化も拡大。九月に十二号、十月に十五号（八重山地方） ・八重山地区特別営農相談窓口設置される ・カラス・ヒヨドリ・イノシシ農作物に被害 ・石垣市、レッドジンジャーで県内初の拠点産地認定される ・生食用パインアップル新品種「ゴールドパレル」開発。実物大きく、味良し	・世界貿易機関（WTO）の新多角的貿易交渉、ヤマ場迎える。国内農業への影響懸念 ・日豪EPA等貿易交渉において、農畜産物の関税撤発が交渉の焦点に。沖縄県においても、サトウキビ、肉用牛、乳製品、パインアップルについて関税撤発に関する県民大会が開催 ・風景づくり条例施行（石垣市） ・ロッテ八重山キャンプ決定

●県農業の動き

・宮古島市ヒマワリ三五〇万本満開
・石垣市パインアップルで拠点産地認定
・野菜パパイヤ販路拡大キャンペーン
・パパイヤを原料にしたデザート「赤ティラミス」、売れ行き好調（石垣市）
・ナスミバエ不妊化で根絶へ、世界初の取り組み与那国で開始
・ゴーヤーの日十年目、着実成長・増産持続
・機械でゴーヤー選別（ＪＡ沖縄）
・琉球大学、新種ウコン開発する
・枝豆、ピーマンを沖縄県産と偽り販売
・島野菜の人気流通増加、県外ファン拡大
・サシグサで害虫防除、ネコブレンチュウに効果
・県内産マンゴー取扱金額が過去最高（沖縄協同青果）
・全国スプレーギク大会開催される（那覇市）
・第一回県推肥コンテスト開催される
・中国野菜輸入四割減少

二〇〇八年（平成二〇年）

・津嘉山荘がグリーンツーリズム大賞授賞（宮古島市）
・さとうきび生産量八四万トンに回復する
・与那国島の降水量が一二五二㎜と一九五七年の観測開始以来、九月としては最多を記録。一日降水量も最多を記録（九月十三日、七六五㎜）
・燃油・資材等の生産費高騰で、各地区特別営農相談窓口設置
・石垣市、県内初の肉用牛の処点産地に認定される
・肉用牛（子牛）価格暴落
・宮古島マンゴー産地偽装問題（台湾産を偽る）
・石垣市の多宇司・明子さん、畜産部門で県内初の天皇杯授賞（全国農林水産祭）

●世界・日本・県経済の動き

・『沖縄県における台風とその対策』発刊される
・米艦船が与那国寄港
・福田内閣誕生
・春の甲子園（選抜）野球で沖縄尚学高校優勝
・北京オリンピック開催
・五年二ヵ月ぶりに株価下がる。円高ドル安一ドル一〇〇円
・米国に端を発した金融危機世界的に拡がる
・食の安全志向する消費者増える
・沖縄県が県民運動「健康おきなわ21」開催
・南部地区二七農家をエコファーマーに認定
・麻生内閣誕生
・「沖縄農業経営危機突破生産者大会」那覇市で開催される

【参考文献】

中村政則　二〇〇五年『戦後史』岩波新書　岩波書店
比嘉朝進　二〇〇〇年『沖縄世相史』暁書房
大江正章　二〇〇八年『地域の力　食・農まちづくり』岩波新書　岩波書店
亀若誠・武政邦夫　監修　一九九三年『新版農業経営ハンドブック』全国農業改良普及協会
加賀山国雄・児玉賀典　監修　一九七六年『農業経営ハンドブック』全国農業改良普及協会
沖縄県　二〇〇五年『農業改良普及事業五五年の歩み』
　二〇〇〇年『農業改良普及事業うちなー五〇年の歩み』
　一九九〇年『農業改良普及事業うちなー四〇年の歩み』
　一九八〇年『農業改良普及事業うちなー三〇年の歩み』
昭和堂　二〇〇七年『農業と経済』二〇〇七年三月号
沖縄タイムス、琉球新報、八重山毎日新聞、八重山日報
「さとうきびの栽培指導で収穫UPを」平成十八年三月　独立行政法人農畜産業振興機構

あとがき

沖縄県の農業は復帰後著しい進展をとげてきましたが、近年、農業産出額は停滞傾向にあり活力が低下しています。これは農業生産・担い手構造の変革による諸々の問題が考えられます。それらはＷＴＯ、世界貿易自由化交渉、経済金融危機、円高ドル安による燃油、農業生産資材の高騰等における国内外の経済社会の構造変化にもよります。また県農業は多くの離島からなっていて、沖縄本島を除きほとんどの離島は、さとうきびを中心とした農業が営まれていて、まさに風、水、土などの自然災害との闘いであるとも言えます。これまで補助奨励事業で農業基盤、近代化施設はある程度整備されてきましたが、灌漑施設が伴わない場所が多数あります。

このようなことから今後の県農業行政および農業改良普及事業は、農業者及び消費者の目線で思考し、本県農業の構造を確認し地域資源の活用を視野に入れ、地域農業の仕組み作りをいかにして実戦していくかが重要な時期にきています。今日、農業生産は土地利用型農業、労働集約型農業、環境保全型農業と進展し、また消費者のニーズも多様化し、安全・安心・健康食品の本物を志向する中で何が実戦可能なのか、地域の足元をもう一度着目する必要があります。

これからの農業生産は作るだけでなく、農業経営、各地域の土着の歴史、文化を尊重しながら、いかに農業生産物をマーケティング「売りだして行くか」が大きな課題となってきました。そこで様々な農産物のイメージづくりだけでなく、地域の技術、材料（食材）を活かしながら、地域の共有の財産である自然資源（自然、土壌等）風土、地域文化、食文化等のイメージをつくり、各種競争に打ち勝つおきなわ県産ブランドの確立が国際化時代の県内農業の生き残る手段と考えられます。

これからの農業は、農作物や家畜といった対象だけをみては、農業経営は成り立たない時代になりました。その時の社会・経済情勢と流れを敏感に受けとり、情勢を得るための社会性に優れ、地域のためになる農業を目指さなければならないからです。それには消費者を大事にし、安心安全な農産物を生産することは勿論、子供の教育（食育）や健康問題、環境問題についても考えなければなりません。そのためには生産者と消費者および都市住民との相互理解、相互交流の場を設定する大事な時期になってきました。具体的には人を特定し、農漁家住民と都市の人達との広域的な交流、ネットワークを形成していくことが重要な課題であります。その一つの手段がグリーンツーズム、直売所、学校給食等における地産地消等であると考えます。また農業は食糧の生産だけでなく、自然保全、緑地帯の形成、地域暮らしに憩いや安らぎを提供し、オカネで計算できない命と、自然環境を支える共有の財産としての農業・農村の確立をいかにするかが、大きな課題と考えます。

本書の第一章は、これまで新聞に投稿したものをまとめてみました。県、北大東村のさとうきび農業を中心に、やんばるでの植物、野菜、外国での田園風景等を述べたものです。第二章は北大東村のさとうきびの展開過程、県内花き、デンファレ栽培の現状と課題、代表的な島野菜の伝来等を述べたものです。第三章は南部農業改良普及センターの便りに掲載、或いは栽培、経営講習会等で用いたものです。第四章は北部、中部の農業改良普及センター、八重山農政・農業普及センターの勤務時に現地調査、調査研究したものです。県農業をさとうきび、野菜、花き、担い手、農業経営、島野菜の機能性、地産地消と学校給食、グリンーツーリズムの分野で現場からの報告という形でまとめてみました。まだまだ色々な分野からの県農業振興の課題・方策があろうかと思います。

農業関係者や、一般消費者の方々が本書を少しでも理解されて、沖縄の農業・農村社会の絆を大事にし、農業・農村が元気に発展していけば望外の喜びであります。

最後に本書をまとめるにあたり、支援いただいた方にお礼を述べます。本書は多くの関係者や団体、組織によってできました。特に当真嗣伎様、東江三信様、後盛秀行様、又吉正直様には出版に当たり、企画段階等でお世話になりました。さらにとりとめもなく堅い文章を、はからずも専門外の方にもさりげなく読んでもらえるように、(有)ボーダーインクの新城和博さんには懇切丁寧な協力をいただきました。心からお礼申しあげます。

また原稿の整理において協力をしていただいた前元淳子さん、下地さつきさん、山城杏奈さんに感謝申しあげます。また、支えてくれた家族にも感謝します。

最後まで読んでいただき、シカトゥー　ニィフファイーユ。

二〇〇八年十一月

石垣　盛康

石垣　盛康（いしがき・もりやす）
1948年11月13日生まれ。沖縄県石垣市大浜出身。
琉球大学農学部農学科卒業。
南部、中部、北部農業改良普及(所)センター、北大東村駐在、
具志川村（久米島）駐在、沖縄県立農業大学校を経て2007年
より八重山農政・農業改良普及センター所長。

著作
「沖縄県における花き経営の担い手構造と今後の課題」(1991年)
「見てきた海外の農村・農業」(1997年)
「南部の園芸」(編著　2001年)

風・水・土・人
［沖縄農業］現場からの声

2009年2月7日　**初版第一刷発行**

著　者　石垣　盛康
発行者　宮城　正勝
発行所　(有)ボーダーインク
〒902-0076　沖縄県那覇市与儀226-3
Tel. 098-835-2777　Fax. 098-835-2840
メールアドレス　wander@borderink.com
ホームページ　http://www.borderink.com

印刷所　(有)でいご印刷

ISBN978-4-89982-151-9　定価1470円(税込)